"十四五"普通高等教育本科部委级规划教材

材料大型综合实验

宋 俊 主 编

赵义平 张 雯 副主编

中国纺织出版社有限公司

内 容 提 要

本教材按照化纤材料、膜材料、复合材料、无机非金属材料及生物材料 5 个类别,安排了 36 个实验,旨在为学生和指导教师提供系统的材料综合实验指导,力求让学生熟悉并掌握材料综合实验的基本操作技能,进一步培养和提高学生的动手能力及分析和解决问题的能力。此外,本教材特别增加了实验室安全与防护内容,目的是提高学生的安全防护意识。

本教材可作为高等院校材料类及其相关专业的综合实验教学用书,也可供材料领域的科研和技术人员参考。

图书在版编目（CIP）数据

材料大型综合实验 / 宋俊主编；赵义平,张雯副主编. -- 北京：中国纺织出版社有限公司, 2023.9

"十四五"普通高等教育本科部委级规划教材

ISBN 978-7-5229-0855-7

Ⅰ. ①材… Ⅱ. ①宋… ②赵… ③张… Ⅲ. ①材料科学－材料试验－综合试验－高等学校－教材 Ⅳ. ①TB3-33

中国国家版本馆 CIP 数据核字（2023）第 152787 号

责任编辑：孔会云　　特约编辑：蒋慧敏　　责任校对：高 涵
责任印制：王艳丽

中国纺织出版社有限公司出版发行
地址：北京市朝阳区百子湾东里 A407 号楼　邮政编码：100124
销售电话：010—67004422　传真：010—87155801
http://www.c-textilep.com
中国纺织出版社天猫旗舰店
官方微博 http://weibo.com/2119887771
三河市宏盛印务有限公司印刷　各地新华书店经销
2023 年 9 月第 1 版第 1 次印刷
开本：787×1092　1/16　印张：10.5
字数：230 千字　定价：58.00 元

前言

　　"材料大型综合实验"是高等院校材料科学与工程、复合材料与工程、无机非金属材料工程及高分子材料与工程等专业的综合性实验课程,是理论教学和材料相关专业实验的深化和补充,具有较强的实践性。由于各高等院校在材料类本科专业的培养目标方面各有特色和侧重,已有的同类教材或教程也不能很好地满足各高校对材料类专业本科生培养的要求。党的二十大报告在"实施科教兴国战略,强化现代化建设人才支撑"部分指出,要"加强基础学科、新兴学科、交叉学科建设,加快建设中国特色、世界一流的大学和优势学科""深化教育领域综合改革,加强教材建设和管理"。为此,我们将过去十多年实践的实验讲义结集成书,供同行和相关专业学生参考。

　　我们从 2008 年开始,将天津工业大学的教学特色与部分教师的科研项目相结合,探索适合我校材料科学与工程及复合材料与工程专业发展的材料综合实验讲义。2010 年新增无机非金属材料工程本科专业、2017 年新增高分子材料与工程专业后,对实验讲义进行了修订和增补,以满足四个本科专业对材料综合性能实验的要求。

　　为了解"材料大型综合实验"课程的开设效果,2017 年,张兴祥教授牵头以"大型综合实验在大学生创新能力培养中的作用"为题申报的"纺织之光"教育教学改革项目,对综合实验在大学生创新能力培养中的作用进行了调研,结果有高达 85% 的同学持积极态度,收到了良好的效果。本项目经过十多年的使用、修改和完善,实验讲义已在内容、形式、完整性和系统性等方面达到相关要求。

　　本书的编写得到了天津工业大学四十多位老师的大力支持,在此表示衷心的感谢!

　　由于笔者水平有限,书中难免出现错漏之处,恳请广大读者给予批评指正。

宋俊

2023 年 2 月

目录

第一章　实验室安全与防护

第一节　化学实验室学生实验守则

（1）遵守实验室的一切规章制度，服从教师指导，保持实验室的整洁、安静，不准吸烟、随地吐痰、乱扔杂物。

（2）实验前应认真预习，明确实验目的、要求，掌握所用仪器的性能及操作方法，按要求做好一切，经教师检查许可后方可进行实验。

（3）实验课不得迟到，衣冠不整不得进入实验室，不准将与实验课无关的物品带进实验室。

（4）严格按照操作规程进行实验，认真如实记录各种实验数据，不得擅离操作岗位。

（5）实验完毕后，经教师检查仪器、工具、器皿及实验记录后，方可离开实验室。

（6）发现仪器设备损坏，及时报告，查明原因，凡违反操作规程造成事故的，按有关规定处理。

（7）注意安全，一旦发生事故应立即切断电源、火源，并向教师如实报告，采取紧急措施。

（8）要爱护实验室内一切设施，不得乱写乱画，禁止动用与本实验无关的仪器设备、器材和设施。

（9）要勤俭节约，不浪费水、电、材料。对不遵守纪律和实验不认真者，教师有权令其停止或重做实验。

第二节　实验室常见安全防护及措施

一、防火、防爆及灭火

化学实验室的易燃、易爆物品需定期检查，使用时远离火种，也不能与强氧化剂接触。实验室里严禁吸烟，严禁生火取暖，家用电器要经常检修，防止绝缘不良而短路或超负荷而引起线路起火。

一旦发生火灾应立即移开可燃物，切断电源，停止通风。对小面积的火灾，应立即用湿布、沙子等覆盖燃烧物，隔绝空气使停火熄灭。发生大规模火灾时，首先应快速从安全通道离开失火场所，安全后拨打119，不可单独冲入火灾现场灭火。火灾发生应根据燃烧物性质使用相应的灭火器，进行抢救，以减少损失。身上的衣物着火时不可跑动，应迅速脱去衣物，或在地上打滚扑灭。灭火器不可对人脸。

常用的灭火器有以下几种：

（1）二氧化碳灭火器：适用于电器起火。

（2）干粉灭火器：用于扑灭可燃气体，油类，电气设备，物品，文件资料等初期火灾。

（3）1211灭火器：高效灭火器，适用于油类、有机溶剂、高压电气设备和精密仪器等的起火。

（4）泡沫式灭火器：适用于油类和一般起火。

实验室防爆注意事项：

（1）操作易燃物时必须远离火源，瓶塞打不开时，切忌用火加热或用力敲打。倾倒易燃液体时还必须谨防静电。

（2）加热可燃易燃物时，必须在水浴或者严密的电热板上缓慢进行，严禁用明火或电炉加热。

（3）蒸馏液体时，如果需要补充液体时，应先等其冷却后再补充。蒸馏易燃物时应先通水再通电加热。

（4）烘箱、电炉周围严禁放有易燃物或带挥发性的易燃液体。

二、一般伤害事故的处理

实验室配置药箱，内放常用的医药用品包括：

（1）消毒剂：75%酒精，0.1%碘酒，3%双氧水，酒精棉球。

（2）烫伤药：玉树油，蓝油烃，烫伤药，凡士林。

（3）创伤药：红药水，龙胆汁，消炎粉。

（4）化学灼伤药：5%的碳酸氢钠溶液，1%的硼酸，2%的醋酸，氨水，2%的硫酸铜溶液。

（5）治疗用品：药棉，纱布，绷带，创可贴，镊子等。

（一）割伤处理

伤口保持清洁，伤口内如有异物应小心取出，然后用酒精棉清洗，涂上红药水，必要时敷上消炎粉包扎，严重时采取止血措施，送往医院。

（二）烫伤和烧伤处理

可在伤处涂上玉树油或75%的酒精后涂蓝油烃，如果创面较大，深度达真皮，应小心用75%酒精处理，并涂上烫伤油膏后包扎，送往医院。

（三）化学灼伤处理

如果沾上浓硫酸，切忌用水冲洗，先用棉布吸取浓硫酸，再用水冲洗，接着用3%~5%的碳酸氢钠溶液中和，最后用水清洗，必要时涂上甘油。若有水泡，应涂上龙胆汁。至于其他酸灼伤，可立即冲洗，然后进行处理。若被碱灼伤时先用水冲洗，然后用3%的硼酸或2%的醋酸清洗。如果酸碱溅入眼内，应先用水冲洗，再用5%的碳酸氢钠溶液或2%的醋酸清洗。

三、化学中毒的途径及急救措施

（一）化学中毒的三条途径

（1）通过呼吸道吸入有毒的气体、粉尘、烟雾而中毒。

（2）通过消化道误服而中毒。

（3）通过接触皮肤而中毒。

（二）常用急救措施

在实验室发生中毒时，必须采取紧急措施，同时紧急送往医院医治，常用的急救措施有以下几种：

（1）呼吸系统中毒，应使中毒者撤离现场，转移到通风良好的地方，让患者呼吸新鲜的空气。轻者会较快恢复正常，若发生休克昏迷，可给患者吸入氧气及人工呼吸，并迅速送往医院。

（2）消化道中毒应立即洗胃，常用的洗胃液有食盐水、肥皂水、3%~5%的碳酸氢钠溶液，边洗边催吐，洗到基本没有毒物后服用生鸡蛋清、牛奶、面汤等解毒剂。

（3）皮肤、眼、鼻、咽喉受毒物侵害时，应立即用大量的清水冲洗（浓硫酸先用干布擦干），具体措施和化学灼伤处理相同。

（三）实验室常见化学试剂中毒应急处理方法

（1）二硫化碳中毒的应急处理方法：吞食时，给患者洗胃或用催吐剂催吐。让患者躺下并做好保暖，保持通风良好。

（2）有机磷中毒的应急处理方法：使患者确保呼吸道畅通，并进行人工呼吸。万一吞食时，用催吐剂催吐，或用自来水洗胃等方法将其除去。沾在皮肤、头发或指甲等地方的有机磷，要彻底把它洗去。

（3）三硝基甲苯中毒的应急处理方法：沾到皮肤时，用肥皂和水，尽量把它彻底洗去。若吞食时，可进行洗胃或用催吐剂吐，将其大部分排除之后，再服泻药。

（4）苯胺中毒的应急处理方法：如果苯胺沾到皮肤时，用肥皂和水把其洗擦除净。若吞食时，用催吐剂、洗胃及服泻药等方法把它除去。

（5）氯代烃中毒的应急处理方法：把患者转移，远离药品处，并使其躺下做好保暖。若吞食时，用自来水充分洗胃，然后饮服于200mL水中溶解30g硫酸钠制成的溶液。不要喝咖啡之类兴奋剂。吸入氯仿时，把患者的头降低，使其伸出舌头，以确保呼吸道畅通。

（6）草酸中毒的应急处理方法：立刻饮服下列溶液，使其生成草酸钙沉淀。①在200mL水中，溶解30g丁酸钙或其他钙盐制成的溶液；②大量牛奶，可饮食用牛奶打溶的蛋白作镇痛剂。

（7）乙醛、丙酮中毒的应急处理方法：用洗胃或服催吐剂等方法，除去吞食的药品。随后服下泻药。呼吸困难时要输氧。丙酮不会引起严重中毒。

（8）强酸（致命剂量1mL）：吞服时立刻饮服200mL氧化镁悬浮液，或者氢氧化铝凝胶、牛奶及水等物质，迅速把毒物稀释。然后至少再食10多个打溶的蛋液作缓和剂。因碳酸钠或碳酸氢钠会产生二氧化碳气体，故不要使用。

进入眼睛时撑开眼睑，用水洗涤15min。沾着皮肤时用大量水冲洗15min。如果立刻进行中和，因会产生中和热，而有进一步扩大伤害的危险。因此，经充分水洗后再用碳酸氢钠之类稀碱液或肥皂液进行洗涤。但是当沾着草酸时，若用碳酸氢钠中和，因为由碱而产生很强的刺激物，故不宜使用。也可以用镁盐和钙盐中和。

（9）甲醛中毒的应急处理方法：吞食时，立刻饮食大量牛奶，接着用洗胃或催吐等方法，使吞食的甲醛排出体外,然后服下泻药。有可能的话,可服用1%的碳酸铵水溶液。

四、触电事故的急救措施

人体接触电的电压高过一定值(36V)就可引起触电,特别是手脚潮湿更容易触电。发生触电时,应迅速切断电源,将患者上衣解开进行人工呼吸,切忌注射兴奋剂。当患者恢复呼吸立即送往医院治疗。

第三节　实验室"三废"处理

在化学实验中经常会产生有毒的废气、废液和废渣,若随意丢弃不仅污染环境,危害健康,还可能造成不必要的浪费。正确处理"三废"是每个人都应该具备的环保意识和知识。

(1)有毒废气的处理:在实验中如产生有毒气体,应在通风橱内进行操作,并加装气体接收装置。如产生二氧化硫等酸性气体可通入氢氧化钠水溶液吸收;碱性气体用酸溶液吸收。还要注意一些有害的化合物由于沸点低,反应中来不及冷却以气态排出,应将其通入吸收装置,还可加装冷阱。

(2)一般的废溶剂要分类倒入回收瓶中,废酸废碱要分开放置,有机废溶剂分为含卤素有机废液和不含卤素有机废液。

(3)无机重金属化合物严禁随意丢弃,应进一步处理后,作为废液交专业回收单位处理。含镉、铅废液加入碱性试剂使其转化为氢氧化物沉淀;含六价铬化物要先加入还原剂还原为三价铬,再加入碱性试剂使其沉淀。含氰化物废液可加入硫酸亚铁使其沉淀;含少量汞、砷的废液可加入硫化钠使其沉淀。

(4)千万不能将反应剩余的活泼金属倒入水池,以免引起火灾。废金属也不可随便掩埋,可向有废金属的烧瓶中缓慢滴加乙醇,直到金属反应完毕。此期间产生的废液仍应作为有机废液处理。

(5)无毒的聚合物尽量回收,直接丢弃会由于难以降解而造成白色污染;有一定流动性的聚合物切记不能直接倒入下水道,以免堵塞;自己合成的聚合物需保留的要标明成分,不需保留的应及时处理。

(6)切记不可将乳液倒入下水道。无论是小分子还是聚合物乳液都可能会污染水质或破乳沉淀堵塞下水道。正确的处理方法是将乳液破乳后分类出有机物再进一步处理。

第二章 化纤材料综合实验

第一节 熔纺储热调温纤维及性能测试

一、实验目的

1. 了解熔体纺丝法制备储热调温纤维的工艺过程。
2. 掌握制备储热调温纤维的基本原理及主要工艺参数。
3. 掌握储热调温纤维主要热行为、结构性能的测试方法。

二、实验原理

纤维的制备方法有:湿法纺丝、干—湿法纺丝、熔体纺丝和干法纺丝。本实验采用熔体纺丝法制备纤维,如图 2-1 所示。在熔体纺丝中,纤维成型过程将从纤维内侧和外侧同时发生,所以纺丝工艺参数对于纤维结构、性能有很大影响。

首先将干燥后的聚合物切片、聚合物相变材料分别用计量泵输送至纺丝箱体或螺杆中,控制螺杆挤出机各段温度和箱体温度以改变聚合物熔体的温度和黏度,使其具有适当的黏度和良好的可纺性。从螺杆挤出机出来的熔体经过计量泵送往喷丝头组件,再经由过滤网、分配板和喷丝板等组件后,使熔体均匀地送至喷丝板(图 2-1),最后卷绕到丝筒上形成卷绕丝,得到储能调温纤维。再经过拉伸、定型、干燥和卷曲、切断后可制备储热调温纤维的短纤维。主要的纺丝参数包括:泵供量、纺丝温度、聚合物挤出速率、卷绕速度、拉伸倍数及喷丝头规格等。这些参数与成纤聚合物的结构、相变材料结构及可纺性等相互影响。

图 2-2 给出了几种喷丝板的横断面结构。喷丝板的形状、规格对纤维的成型、纤维的结构和性能有很大影响。本实验采用的是插入管式和辐射型喷丝板。

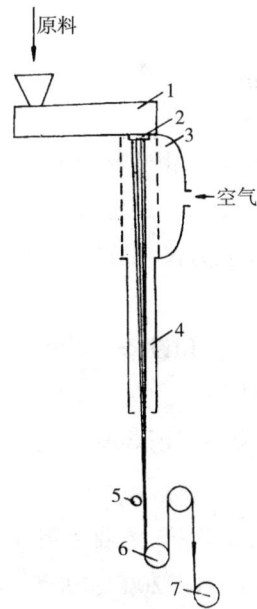

图 2-1 熔体纺丝工艺流程

1—螺杆挤出机 2—喷丝板 3—吹风窗 4—纺丝通道
5—给油盘 6—导丝盘 7—卷绕装置

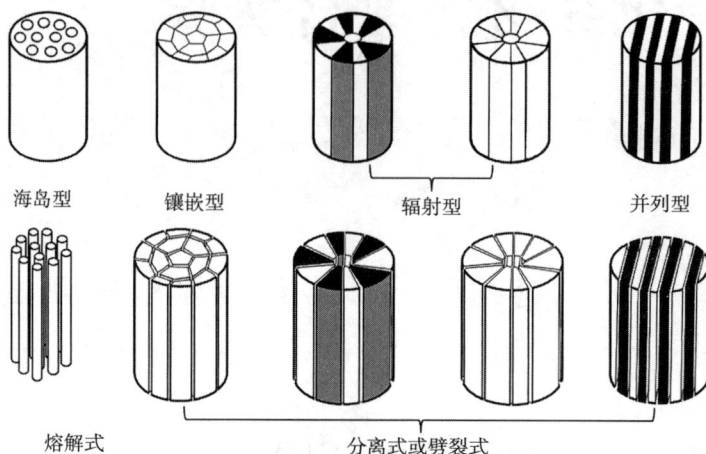

图 2-2　喷丝板断面结构示意图

储热调温纤维除具有常规纤维的力学性能外,还具有温度调节和热能储存的性能,是智能温控纤维。而且,储能调温纤维的结构性能还与纤维材料基体材料的性能有直接的关系,尤其储热效率与纤维中相变材料的含量呈正比关系。

将所得的不同卷绕速度下的储能调温纤维,用差示扫描量热仪测试纤维中相变材料的含量和储热效率。

纤维中相变材料含量计算公式如下:

$$E = \frac{\Delta H_m}{\Delta H} \times 100 \tag{2-1}$$

式中:E——纤维中相变材料的含量;

　ΔH_m——纤维中相变材料的放热量,J/g;

　ΔH——相变材料的标准放热量,J/g。

利用纤维强力仪、测试纤维的拉伸强度、纤度,计算储热调温纤维的力学性能。

三、实验原料和设备

(一)原料

聚丙烯、聚甲基丙烯酸十八酯(数均分子量 8 万)、纺丝助剂、抗氧化剂等。

(二)设备

熔融复合纺丝机,主要参数:融化釜 5L,ϕ20mm 螺杆挤出机,螺杆挤出机的各段纺丝温度分别为 180℃、210℃、220℃、190℃,计量泵规格为 1.2mL/r,喷丝头为插入管式,24 孔喷丝板,500m/min 的卷绕速度;差示扫描量热仪;纤维强力拉伸仪;光学显微镜。

四、实验步骤

打开总电源→预热螺杆挤出机各个纺丝机段,保温 30min→升温融化釜内相变材料,保温静置脱泡 1h →安装喷丝板 → 打开空压机通入 0.3~0.5MPa 压缩空气 →（泵座在纺丝前预热 0.5h 以上）→ 开启计量泵、挤出机→淋洒纺丝助剂→用导丝钩将初生纤维挂上纺丝筒 → 卷绕 → 切割。

储热调温纤维性能测试：

将获得的储热调温纤维的卷绕丝 3~5mg 剪成粉末，用于差示扫描量热分析，分析纤维中相变材料的含量和吸放热效率。

将得到的储热调温纤维置于光学显微镜，观察纤维的表面形貌，同时验证纤维的皮芯结构。

将纤维剪成定长 10mm，用纤维强力拉伸仪测试纤维的拉伸断裂强度。

五、实验报告

（1）储热调温纤维的制备过程。

（2）根据皮芯纤维组成比计算计量泵的供料速率。

（3）分析储热调温纤维的热焓值及储热效率。

六、思考题

1. 分析熔纺工艺对储热调温纤维结构及性能的影响。

2. 分析影响储热效率和调温能力的因素。

第二节　干—湿法纺丝综合实验

一、实验目的

1. 了解干—湿法制备长丝的工艺过程。

2. 掌握制备干—湿法长丝的基本原理及主要工艺参数。

3. 掌握原液凝固浴及长丝主要性能的测试方法。

二、实验原理

合成纤维的成型普遍采用高聚物的熔体或浓溶液进行纺丝，前者称为熔融纺丝法，后者称为溶液纺丝法。对于部分熔体加工性能差的成纤高聚物，如黏胶纤维、维纶、腈纶、腈氯纶等，一般采用溶液纺丝工艺。溶液纺丝是指选取适当溶剂，把成纤高聚物溶解成纺丝溶液，或先将高分子物质制成可溶性中间体，再溶解成纺丝溶液，然后进行纺丝。溶液纺丝按凝固条件不同分为湿法纺丝和干法纺丝。

湿法纺丝的特点是喷丝头孔数多，但纺丝速度慢，适合纺制短纤维，而干法纺丝适合纺制长丝。干湿法纺丝又称干喷湿纺法，与湿法纺丝同属溶液纺丝范畴。与湿法纺丝相比，干湿法纺丝在凝固成型阶段的主要差别发生在纺丝原液进入凝固浴前的阶段，如图 2-3 所示，干湿法的纺丝原液在进入凝固浴前先经过了一段空气层干喷段，进入凝固浴后发生的双扩散现象与湿纺过程相类似。因此,干湿法纺丝可以进行高倍的喷丝头拉伸,纺丝速度高,还可以加工高浓度的纺丝原液,其纺丝原液的黏度可达 $50 \sim 100 Pa \cdot s$,为提高原液浓度和提高聚合物的分子量提供了有利的条件。用干湿法纺丝得到的纤维,结构比较均匀,结晶度、取向度高,皮芯层差异小,强度和弹性均有提高,截面结构近似圆形,纤维表面光滑,纤维内部缺陷少。

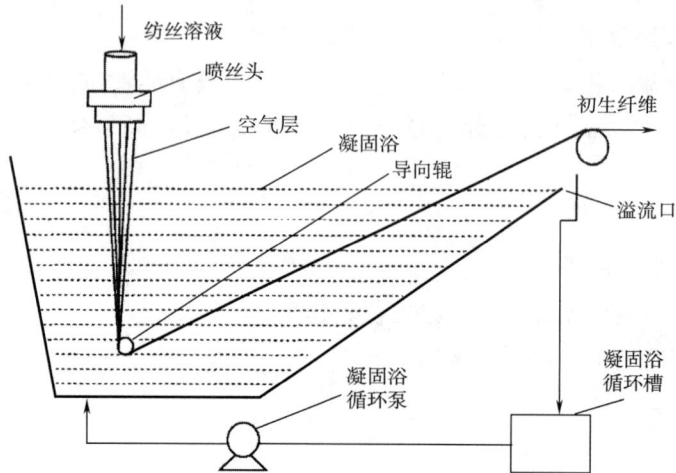

图 2-3 干湿法纺丝喷丝头及凝固浴示意图

研究表明,干湿纺丝可在空气层中形成一层致密的薄层,可阻止大空洞的形成。此外,凝固浴温度、浓度对初生纤维的结构和性能有很重要的影响,温度是控制溶剂和凝固剂扩散的一个关键变量。从目前研究情况来看,溶剂与凝固剂的扩散系数均随温度升高而增大,但温度对各组分的扩散速率的影响不同,溶剂增大的比例比凝固剂大。

三、实验方法

按照聚合和纺丝的连续性一般分为一步法和两步法,采用一步法省去了高聚物的分离、干燥、溶解等工序,可以简化工艺流程,提高劳动生产率,不论技术上或经济上都比两步法有利,但所得纤维的质量略低于两步法。本实验采用两步法。

（一）成纤高聚物的溶解

线型高聚物的溶解过程必须先经溶胀,即溶剂先向高聚物内部渗入,此时高聚物体积增大,当溶胀过程持续下去,大分子之间的距离不断增大,最后高聚物分子以分离状态进入溶剂,就完成了溶解过程,只有发生无限溶胀时才能使高聚物大分子分散而进入溶剂,因此,高聚物的溶解实际上是无限溶胀的结果。

高聚物具有分子量的多分散性和结构的多重性,这带来溶解性能的不均一性。对同一种聚合物来说,分子量低的溶解较易,分子量高的溶解较难。而对于结晶性高聚物来说,结晶度不同,溶解性能也就不同。

用于制备纺丝液的溶剂必须满足下列要求:

(1)在适宜的温度下具有良好的溶解能力,并使所得高聚物溶液在尽可能高的浓度下具有较低黏度。

（2）沸点不宜太低，也不宜过高。如沸点太低，溶剂挥发性太大，会使损耗增加并使劳动条件恶化。

（3）有足够的热稳定性和化学稳定性，并应便于回收。

（4）应无毒或毒性较小，对设备材料没有腐蚀性或腐蚀性小。

（5）在溶解过程中不引起高聚物分解或发生其他化学变化。

依据相似相溶的溶解规律和极性相近的溶解原则，可选择与成纤聚合物的溶度参数相近的单一或混合的极性有机溶剂（极性分数>0.7）溶解聚合物。目前，可用于成纤聚合物纺丝的良溶剂有二甲基亚砜（DMSO）、二甲基甲酰胺（DMF）、二甲基乙酰胺（DMAc）、硫氰酸钠（NaSCN）、氯化锌（ZnCl$_2$）、硝酸（HNO$_3$）等。有时混合溶剂对高聚物的溶解能力甚至比单一溶剂还要好，因此调节混合溶剂的比例可以使溶剂的溶度参数与聚合物更加匹配，达到更好的溶解效果。混合溶剂的溶度参数可以按下式计算：

$$\delta_{混} = \phi_1\delta_1 + \phi_2\delta_2 \tag{2-2}$$

式中：δ_1、δ_2——两种纯溶剂的溶度参数；

ϕ_1、ϕ_2——两种纯溶剂的体积分数。

（二）脱泡

聚合物在溶解以及后续的过滤过程中引入气泡，微小气泡在后续的纺丝过程中可能会存在于纤维中形成缺陷，而大的气泡容易造成断丝。由于纺丝液黏度高，这些气泡难以脱除。为了保证纺丝液的均匀性以及减少缺陷需要在负压的状态下进行脱泡工艺，通常脱泡时间 24h 以上，纺丝液的温度控制在 60℃以下。

（三）初生纤维凝固成型

溶液纺丝工艺中凝固成型是非常关键的环节，原丝的性能主要取决于初生纤维的形成过程。成纤聚合物不溶于水，一般用水和溶剂按一定的比例混合作为沉淀剂。通过水含量的调整来控制凝固速度。常用的凝固液有 DMSO/H$_2$O、DMAc/H$_2$O、DMF/H$_2$O、质量分数 60%的氯化锌水溶液以及 52.5%硫氰酸钠（NaSCN）水溶液。纺丝液经过喷丝板的喷丝孔进入凝固浴，细流中溶剂的组分与凝固浴中组分不同，存在浓度差。细流中溶剂浓度大于凝固浴中溶剂浓度，沉淀剂在细流中含量为0，在浓度差的作用下进行双扩散作用，随着双扩散地进行，细流中溶剂逐渐减少，在凝固剂的作用下，成纤聚合物从均相的溶液中析出，形成固态的纤维。凝固过程受很多因素影响，比较显著的是凝固浴温度、浓度、凝固时间以及负牵伸。通过这几个条件的协调来控制扩散速度，控制初生纤维的均匀性以及形貌，减少其表面缺陷，增加其致密性。由于出口巴拉斯纺丝过程中要实施负牵伸，这样可以避免过度拉伸造成纤维表皮破裂而形成沟槽。关于巴拉斯效应的控制，不同凝固体系的扩散系数以及凝固浴温度、浓度、凝固时间对初生纤维的形貌性能影响国内外有很多这方面的报道。凝固浴凝固过快初生纤维截面呈腰子形，影响后续加工的均匀性。一般希望原丝的截面呈圆形，这需要通过在一定范围内提高凝固浴浓度以及适当降低凝固浴温度，使得凝固过程均匀发生，丝条在这个过程中内部和外部的溶剂都能够扩散出来,形成均匀而致密的纤维。

(四)二浴和热水牵伸

在纺丝过程中,牵伸贯穿于全过程。凝固浴和热水牵伸采用多级串联牵伸装置,一般采取3~6级牵伸,牵伸的总倍数在3~6倍。多级牵伸可以实现逐步施加张力,逐步取向,缓慢细旦化。拉伸倍数取决于聚合物中共聚单体的种类和各组分的比例。热水牵伸中,逐级牵伸所需温度也不同,一般为60~95℃。凝固之后丝条中还存在很多溶剂,在牵伸过程中溶剂能够起到增塑的作用,使得牵伸容易,纤维在牵伸过程中不容易产生毛丝且牵伸倍数可以较大,纤维的取向度也较高。

(五)水洗

经过热水牵伸,丝条里还是含有一定量的溶剂残留,这些溶剂对后续的加工过程会产生丝条的融并,以及后期使用。溶剂含量越少,最终的成品纤维强度也越高。为了获得高质量的原丝需要水洗后纤维中溶剂的含量很低,一般低于千分之一,最好在万分之五以下。水洗使用的水为去离子水,避免一些金属离子对丝的影响。影响水洗效果的因素有停留时间、温度、水洗方式等。为了达到较好的水洗效果,一般水洗时间要在10min左右,水洗温度在70~80℃。

(六)上油

油剂的作用主要有:纺丝过程中在纤维表面成膜,防止单丝之间粘连或并丝;防止单丝表面之间摩擦与磨损;降低丝束与传动辊之间摩擦,减少毛丝出现。油剂对纤维的亲水性、集束性、分纤性及加工毛丝率等有重要影响。

(七)干燥致密化

干燥致密化是在干燥过程中实现纤维的致密化。热水牵伸后并上了油剂的丝条,其水含量为30%~50%,经过干燥致密化的热处理,丝条中的水分从纤维中逸出,原丝结构更加紧密,大大地提高了纤维的密度。干燥致密化是在高温下使得丝条内的水分被蒸发,孔中液体蒸发掉使得孔中瞬间形成真空负压,导致原丝间的孔发生塌陷、合并或消除。在这个过程中毛细管力是其驱动力。干燥致密化需要设置几个温度区间,至少是2个,使水分逐步逸出。第一个温度区间在100~110℃,这个区间把丝条表面的过量水蒸干。起始的温度要高于聚合物的玻璃化转变温度,温度不能超过300℃。干燥致密化的时间在1~10min。干燥致密化速度不能太快,如果太快了,表皮先致密化,内部的水没法脱除,要求逐级升温,缓慢温和地从外到内均匀致密化。致密化温度过高、时间过长容易使丝条变黄。经过干燥致密化,纤维的密度进一步增加,取向度和强度也更高。

(八)蒸汽牵伸

蒸汽牵伸是提高纤维的结晶度和取向、提高纤维的牵伸强度、降低纤度非常有效的方法。蒸汽牵伸的目的是使纤维中聚合物大分子链沿轴向排列,提高聚合物的取向度,改善纤维的力学性能。采用在蒸汽中进行牵伸,水分子可充分浸入纤维中,大分子链间结合变松弛,从而使大分子链可以顺利地进一步取向。采用一次蒸汽牵伸的牵伸倍数有限,故通常采用二次或多次蒸汽牵伸。牵伸倍数越大,原丝强度越高。

（九）热定型

蒸汽牵伸赋予纤维以较大的牵伸倍数，丝束内存在严重的应力，必须通过热定型消除纤维内残余的应力，以进一步改善纤维的超分子结构，从而降低原丝沸水收缩率，提高纤维形状的稳定性，提高纤维的力学性能。

（十）干燥和收丝

经过牵伸、热定型处理后的丝束上含有一定的水分，需对丝束进行干燥，除去水分，待纤维彻底干燥后，利用卷绕机，将纤维打包成辊。

四、实验原料及设备

（一）原料

聚芳醚酮砜或聚芳醚砜、二甲基甲酰胺、二甲基亚砜、乙醇、$\phi10mm$ 和 $\phi12mm$ 尼龙管。

（二）设备

中空纤维超滤膜纺丝机主要参数：溶解釜 25L，脱泡釜 25L，计量泵规格为 0.6mL 和 0.3mL，喷丝板 0.15mm×0.3mm。

五、实验步骤

适当旋松搅拌轴压盖→在溶解釜加料口加入应加溶剂的 3/4 →打开总电源→开动搅拌→溶解釜开始升温→加入聚合物→加入剩余 1/4 溶剂→在 60℃搅拌溶解 3h →溶解完成后关闭搅拌→将溶液过滤打入脱泡釜→真空脱泡 6h →常压脱泡 12h → 通入 0.3～0.4MPa 氮气→打开过滤器阀门→开启计量泵→待挤出物料基本没气泡时关闭计量泵→安装喷丝头→开启计量泵→用导丝钩将初生纤维压入凝固浴槽并自另一端引出→五辊→二浴→三辊→热水浴→三辊→热水浴→水洗辊→上油→干燥→卷绕。

纺丝工艺计算和性能测试：

（1）计算计量泵理论泵供量（Q）和计算泵理论转数（n）。

（2）原料性能测试设备。

①GPC，测定分子量及分子量分布。

②热力学性能：热稳定性、玻璃化转变温度。

（3）纺丝液浓度和黏度测试，比重计和旋转黏度计。

（4）凝固浴浓度测定设备，阿贝折光仪。

（5）纤维纤度及力学性能测试，单丝强力仪。

六、实验报告

（1）干湿法纺丝工艺过程及纺丝工艺参数计算。

（2）纺丝液固含量和不同温度下的表观黏度曲线。

（3）通过标准曲线法确定凝固浴浓度。

（4）测量纤维纤度和强度。

第三节　熔体复合纺丝综合实验

一、实验目的

1. 了解熔体复合纺丝法生产化学纤维的工艺过程。

2. 掌握聚丙烯/改性聚丙烯皮芯复合纤维（POY）熔体纺丝的基本原理和主要工艺参数的控制。

3. 初步掌握熔体复合纺丝的基本操作技能。

二、实验原理

在纤维横截面上存在两种或两种以上不相混合的聚合物，这种化学纤维称为复合纤维。复合纤维的品种有并列型、皮芯型、海岛型和裂离型等，纤维横截面形状如图2-4所示。根据不同聚合物的性能及其在纤维横截面上的分配位置，可以得到许多性质和用途的复合纤维，尤其是可以将两种聚合物的优点结合起来，优势互补，是生产高性能、差别化纤维的重要形式。

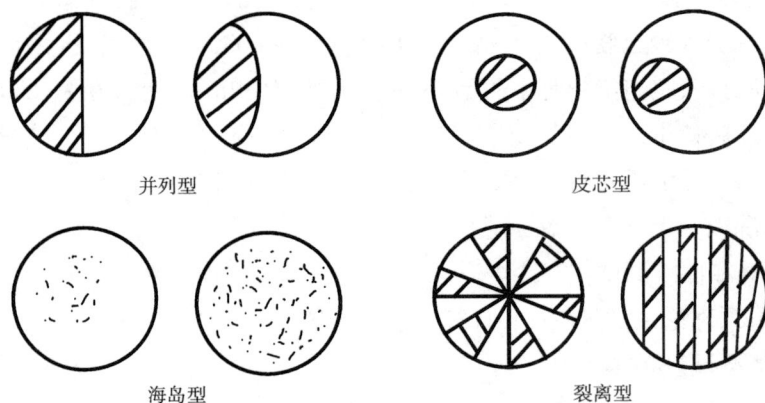

并列型　　　　　　　　　　　　　　皮芯型

海岛型　　　　　　　　　　　　　　裂离型

图2-4　复合纤维的主要类型

聚丙烯（PP）是常见的高分子聚合物，其纤维称为丙纶，用熔体纺丝法纺丝成型。常规熔体纺丝是将切片在螺杆挤出机中熔融后或由连续聚合制成的熔体，送至纺丝箱体中的各纺丝部位，再经纺丝泵定量压送到纺丝组件，过滤后从喷丝板的毛细孔中压出而成为细流，并在纺丝甬道中冷却成型。初生纤维被卷绕成一定形状的卷装（对于长丝）或均匀落入盛丝桶中（对于短纤维）。

熔体纺丝法纺制复合纤维和常规熔体纺丝的主要区别之一就是前者要用特殊的复合纺丝组件，本实验所用的皮芯复合组件的基本结构如图2-5所示。复合纺丝组件的关键为分配板与喷丝板。分配板的作用是保证两组分的熔体在复合前绝对分开，并把芯组分的熔体以一定的分布形式分配到皮组分熔体中。另外，分配板与喷丝板间的狭缝高度，对复合比的变化及复合状态有一定的影响。

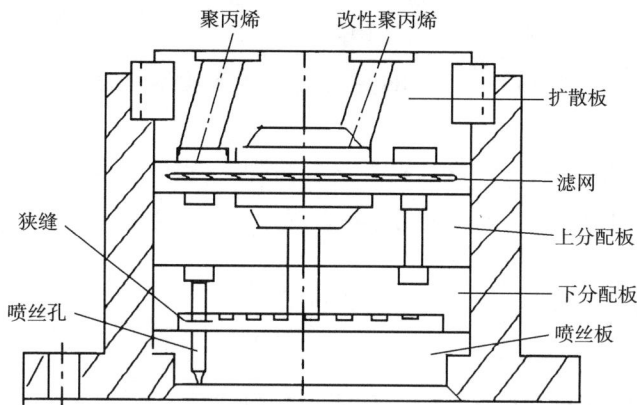

图 2-5　皮芯复合纺丝组件

三、实验原料与设备

(一)原料

纤维级聚丙烯切片,重均分子量 $\overline{M_w}=300000$;改性聚丙烯切片;丙纶油剂。

(二)设备

真空转鼓干燥机,复合纺丝机,卷绕机,吸枪。

四、实验步骤

(一)纺丝前的准备工作

(1)用真空转鼓干燥机干燥 PP 及改性 PP,保证含水率低于 0.01%,时间为 8～10h。

(2)升温加热系统,使纺丝机箱体各部件达到预定温度并保持温度稳定。

(3)将螺杆升温到预定温度进行预热。

(4)安装好皮芯复合纺丝组件,并放入加热炉预热,加热过程中分三次拧紧螺栓保证纺丝过程中不出现漏料。

(5)启动纺丝机计量泵及螺杆,用适量切片冲刷整个管路系统,直至最后流出的熔体中没有任何杂质。

(6)将预热过的复合纺丝组件安装到纺丝机箱体中,拧紧螺栓并保温约 10min。

(7)启动卷绕系统,保证卷绕机正常运转并能达到预定卷绕速度。

(8)将筒管装到卷绕轴上,开启吸枪,保证其工作正常。

(9)将纺丝油剂装入油泵中,启动油泵。

(二)纺丝操作

(1)先启动计量泵,再启动螺杆,将干燥好的 PP 切片和改性 PP 切片分别加入两个加料斗,保证 PP 为皮层,改性 PP 为芯层。

（2）启动侧吹风系统，使风的温度、湿度和速度在合适的范围内。

（3）观察喷丝板表面，当熔体细流从喷丝孔挤出时，要使其不粘板，不堵孔，此时要控制好计量泵转速和螺杆转速，使熔体压力值保持稳定。

（4）开启吸枪，将沿着纺丝甬道而下的复合纤维用吸枪吸住集束，并保持 1min 左右，确保没有断丝，所有丝条均被吸入吸枪内。

（5）开启卷绕机，使丝束经导丝钩后被卷绕到筒管上，得到预取向丝（POY）。

（6）筒管满卷后，用顶出装置将其顶出，继续下一筒管的卷绕。

五、纤维结构表征与性能测试

（1）纤维纤度测试。

（2）纤维断裂强度、断裂伸长率等力学性能指标测试。

（3）纤维表面和断面的光学显微镜测试。

（4）纤维断面的扫描电子显微镜（SEM）测试。

（5）纤维热性能测试（DSC）。

六、思考题

1. 原料的干燥程度对纺丝过程有何影响？

2. 纺丝温度对纤维成型有何影响？

3. 影响复合纤维力学性能的因素有哪些？

第四节　静电纺壳聚糖复合纤维膜抗菌性能研究

一、实验目的

1. 了解静电纺丝技术的基本原理、发展状况及应用领域。

2. 掌握静电纺丝技术制备纳米纤维膜材料的工艺参数及操作流程。

3. 掌握纳米纤维膜的表征、测试方法及抗菌性能研究方法。

二、实验原理

静电纺丝装置如图 2-6 所示，在静电纺丝过程中，喷射装置中装满了充电的聚合物溶液或熔融液。在外加电场作用下，受表面张力作用而保持在喷嘴处的高分子液滴，在电场诱导下表面聚集电荷，受到一个与表面张力方向相反的电场力。当电场逐渐增强时，喷嘴处的液滴山丘状被拉长为锥状，形成所谓的泰勒锥（Taylorcone）。而当电场强度增加至一个临界值时，电场力就会克服液体的表面张力，从泰勒锥中喷出。喷射流在高电场的作用下发生震荡而不稳，产生频率极高的不规则性螺旋运动。在高速振荡中，喷射流被迅速拉细，溶剂迅速挥发，最终形成直径在纳米级的纤维，并以随机的方式散落在收集装置上，形成非织造布。

聚乙烯醇(PVA)是一种分子结构规整、分子链柔顺的高分子,具有半结晶结构的白色粉末状树脂,其良好的生物相容性和无毒性、化学稳定性,对大多数的有机溶剂都不发生作用,在药物、医学、食品、封装等行业有广泛的应用。壳聚糖(CS)是天然多糖中的碱性多糖,具有很好的抑菌性。它是一种灰白色无定形的固体粉末,相对分子质量也随着原料和制备方法的不同从几万到几百万不等,其溶剂包括许多稀的无机酸和有机酸。CS成纤后较脆,力学性能较弱,共混纺丝可

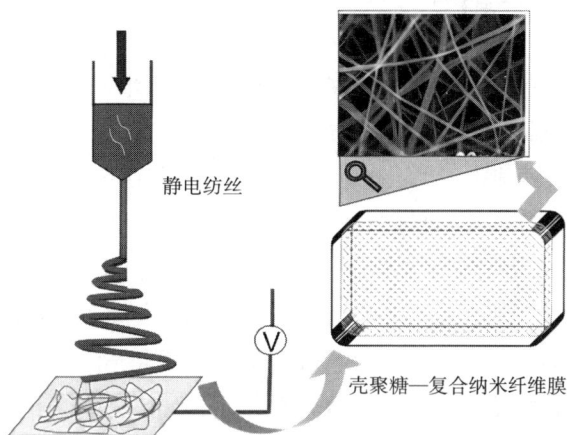

图 2-6　静电纺丝装置示意图

改善其成纤性能的不足。通过高压静电纺丝技术制备超细纤维膜,利用 PVA 的良好成纤性改善 CS 纤维的脆性,同时 CS 的抑菌性使 PVA 纤维功能化。

三、实验原料和设备

(一)原料

壳聚糖、聚乙烯醇(平均聚合度为 1750±50)、NaOH、冰醋酸、胰化蛋白胨、酵母提取物、NaCl、去离子水。

(二)设备

高压灭菌锅、磁力搅拌器、紫外分光光度计、摇床、培养箱、静电纺丝机。

四、实验步骤

(一)实验分组

不同壳聚糖/聚乙烯醇溶液比例:3∶7、4∶6、学生自主设定,按比例分组实验。

壳聚糖溶液采用体积分数为 2% 的醋酸溶液配制,聚乙烯醇溶液用蒸馏水配制成质量分数为 6% 水溶液。

(二)聚合物溶液配置

分别称取不同质量的壳聚糖、聚乙烯醇置于 100mL 烧杯中,分别以 2% 的冰醋酸和水溶液为溶剂溶解壳聚糖、聚乙烯醇,利用磁力搅拌器搅拌加速溶解,配置不同比例的均相纺丝原液。

(三)复合纤维膜制备

实验中使用北京富友马科技有限责任公司生产的 FM-1205 型静电纺丝机;静电纺丝条件:注射器针头接收装置之间的距离是 20cm,注射器推进速度为 0.1mL/h,注射器针头为 9#,铝箔作为接收装置。

(四)壳聚糖/聚乙烯醇复合纤维的形貌研究

利用 SEM 对纤维形貌进行研究,将制备好的壳聚糖/聚乙烯醇复合物纤维膜制样,干燥,喷金,进行 SEM 观察,分析纺丝条件对纤维形貌的影响。

(五)材料抑菌率测试

实验菌种经活化、纯化后,培养成一定浓度的菌悬液用于实验。将材料与菌悬液在适宜环境中共同培养,通过菌液浊度的测试,观察材料对细菌生长的影响,并通过 OD 值的测试,计算抑菌率,是定量反映材料抑菌活性的研究方法。

(1)配制 1L 升液体培养基:950mL 去离子水、胰化蛋白胨 10g、酵母提取物 5g、NaCl 10g;摇动容器直至溶质溶解;用 5mol/L NaOH 将 pH 调至 7.4;用去离子水定容至 1L;在 103.5kPa 高压下蒸汽灭菌 30min。LB 固体培养基:和液体培养基一样,加 15g 琼脂粉,充分溶解,灭菌备用。

(2)细菌活化:取 4℃ 保存的菌种接种于 LB 液体培养基中,置于 37℃,90r/min 的摇床中培养过夜,制成含有一定菌落浓度的培养物。

(3)在无菌条件下,将壳聚糖复合纤维膜材料和 50μL 已纯化的菌液一同加入 20mL LB 液体培养基中,并进行空白对照(20mL LB+50μL 菌液)实验,封口,37℃,90r/min 恒温培养;5min 吸取混合菌液,用紫外分光光度计检测混合液中细菌吸光度值,作为初始 OD 值;然后,定时取样检测其 OD 值,通过 OD 值计算材料的抑菌率(%):

$$抑菌率 = [1 - (B_t - B_0)/(A_t - A_0)] \times 100\% \qquad (2-3)$$

式中:A_t——空白对照组 OD 值放置时间 t 后液体的 OD 值;

A_0——空白对照组液体的初始 OD 值;

B_t——实验组放置时间 t 后液体的 OD 值;

B_0——实验组液体的初始 OD 值。

五、思考题

1. 静电纺丝技术在生物医药领域中有哪些用途?

2. 根据实验结果,总结纺丝电压和纺丝原液浓度对纤维形貌的影响规律并简要阐述原因。

3. 静电纺丝纳米纤维膜在组织工程领域中应用的优势有哪些?

第五节　纳米酚醛纤维非织造布的制备

一、实验目的

1. 了解酚醛树脂基纳米纤维非织造布的制备工艺、关键过程以及应用领域。

2. 掌握纺丝级酚醛溶液的聚合、纺丝和固化相关工艺及操作流程。

3. 掌握纤维的形貌研究方法,了解偏光显微镜、扫描电子显微镜等纤维形貌观察方法。

二、实验原理

(一)酚醛树脂的合成与固化原理

热固性酚醛树脂的制备过程分为三个阶段:

(1)甲阶酚醛树脂酚和醛的反应是很复杂的,苯酚分子中酚羟基的对位和两个邻位(官能度等于3)的氢都能和甲醛(官能度等于2)反应,生成各种羟甲基酚的异构体。所生成的羟甲基酚异构体,除了能继续和苯酚反应外,也可以与甲醛反应生成多羟基甲基酚。上述各种羟甲基酚能相互反应,也能和酚、醛反应,生成甲阶酚醛树脂。甲阶酚醛树脂易溶于乙醇、丙酮等有机溶剂中,加热时能熔融,具有热塑性,这种状态的树脂又称可溶(熔)性树脂,可以改性剂配制改性酚醛树脂胶黏剂。

(2)乙阶酚醛树脂:将初期酚醛树脂加热可以进一步缩聚得到中期酚醛树脂。这种树脂的分子量约为1000。它是不溶(熔)的高分子物质和一些游离酚及羟甲基酚的混合物。这种树脂像弹性的高分子一样,可拉成长丝,但冷却后变成脆性的物质,仅能部分地溶解在丙酮及醇类溶剂中,其余的树脂溶胀。

(3)丙阶酚醛树脂:将中期酚醛树脂继续加热缩合,反应物中羟基全部作用完,此时分子结构为网状的最终产品,即丙阶酚醛树脂,达到不溶(熔)的硬化阶段。

即使是乙阶酚醛树脂分子量还是太低,因此单纯的酚醛树脂纺丝困难。所以纺丝用酚醛树脂合成过程需要加入助纺的高分子。聚乙烯醇(PVA)是一种分子结构规整、分子链柔顺的高分子。它与酚醛树脂具有良好的相容性,并且具有良好的成纤性。在本实验中,在酚醛树脂的合成过程中加入PVA先得到纺丝性良好的溶液。经过纺丝,该纤维经过加热便可固化得到不熔不溶的酚醛树脂纤维非织造布。

(二)静电纺丝原理

静电纺丝就是高分子聚合物的带电液滴受到外加高压电场和其自身表面张力的同时作用,当外加电场力大于表面张力,液滴分裂形成很细的射流,这些射流在向着接收装置运动的过程中在不断受到电场力的拉伸,同时伴随着溶剂的挥发及聚合物射流本身的固化,最终落在接收装置上(图2-7)。在此过程中,聚合物自身的性质(黏度、浓度、电导率等),以及纺丝过程中的工艺参数(电压、接收距离、纺丝速度)等都会对最终纤维的形态产生重要的影响。

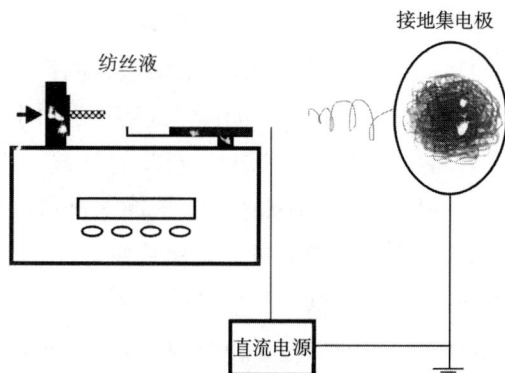

图 2-7 静电纺丝原理示意图

三、实验原料及设备

(一)原料

PVA、蒸馏水、NaOH、苯酚、甲醛。

(二)设备

奥林巴斯 BX61 型偏光显微镜、S-4800 场发射扫描电子显微镜、FM-1205 型静电纺丝机。

四、实验步骤

(一)研究方法

1. 光学显微镜

本实验采用奥林巴斯 BX61 型偏光显微镜,用于对纤维形貌和直径进行初步判断。将所得纤维置于载玻片之上,盖上盖玻片,利用显微镜进行观察。

2. 电子显微镜

扫描电镜是对样品表面形态进行测试的一种大型仪器。当具有一定能量的入射电子束轰击样品表面时,电子与元素的原子核及外层电子发生单次或多次弹性与非弹性碰撞,一些电子被反射出样品表面,而其余的电子则渗入样品中,逐渐失去其动能,最后停止运动,并被样品吸收。在此过程中有 99% 以上的入射电子能量转变成样品热能,而其余约 1% 的入射电子能量从样品中激发出各种信号。这些信号主要包括二次电子、背散射电子、吸收电子、透射电子、俄歇电子、电子电动势、阴极发光、X 射线等。扫描电镜设备就是通过这些信号得到讯息,从而对样品进行分析的。

本实验采用 S-4800 场发射扫描电子显微镜进行纤维形貌,直径以及孔隙大小的观察。将所得纤维膜裁剪成小块样品用导电胶粘于样品台上,镀金之后便可进行电子显微镜观察。

(二)酚醛树脂/PVA 溶液合成

(1)取 12.6g PVA、96g 蒸馏水、2.5g NaOH、30g 苯酚,倒入三口烧瓶,组装好反应装置,在搅拌下将温度升至 96℃,恒温搅拌 60min。记录反应体系温度。

(2)加入 30g(27.7mL)甲醛溶液,搅拌下恒温反应 60min。

(3)再次加入 7.5g(7mL)甲醛溶液,相同条件下反应 60~180min。

(4)将反应产物倒入烧杯,再将烧杯放入冷水中,在玻璃棒搅拌中快速冷却。

(5)在所得原液中加入 75g 蒸馏水进行稀释,便得到纺丝原液。

(三)静电纺丝制备初生酚醛纤维

实验中使用北京富友马科技有限责任公司生产的 FM-1205 型静电纺丝机。静电纺丝条件:注射器针头接收装置之间的距离是 18cm,电压 25kV,注射器推进速度 0.002mm/s,注射器针头 6#,铝箔作为接收装置。

(四)酚醛纤维的固化

将所得初纺酚醛纤维置于鼓风烘箱 150℃下固化 1h 得到酚醛纤维。观察颜色变化和物理性能变化。

(五)酸性溶液过滤实验

配置一定浓度(x)的酸性或碱性悬浮液,将酚醛纤维布裁剪成一定尺寸,称量其质量(M_1),用蒸馏水润湿滤布,将一定体积(V)的酸性或碱性悬浮液倒入滤杯,静置 60min 后,打开真空泵,抽滤完成后将纤维布和截留物一起烘干。称量其重量为 M_3,则截留率(%)为:$J = (M_3 -$

$M_1)/xV$。

五、思考题

1. 酚醛树脂的类型和固化工艺有哪些? 热固性酚醛树脂合成过程的关键因素,固化的基本原理是什么?
2. 纺丝过程的影响与控制因素有哪些?
3. 酚醛纤维非织造布具有哪些潜在的应用?

第六节　沥青基碳纤维制备与拉伸强度测试

一、实验目的

1. 了解沥青基碳纤维的结构、性质、生产过程的结构演变与应用领域。
2. 掌握沥青基碳纤维的实验室制备工艺及操作流程。
3. 学会用显微镜测量碳纤维直径以及碳纤维拉伸强度测试技术。

二、实验原理

沥青基碳纤维是一种以石油沥青或煤沥青为原料,经沥青的精制、纺丝、预氧化、碳化或石墨化而制得的含碳量大于92%的特种纤维。因其具有高强度、高模量、耐高温、耐腐蚀、抗疲劳、抗蠕变、导电与导热等优良性能,是航空航天工业中不可缺少的工程材料,另外,在交通、机械、体育娱乐、休闲用品、医疗卫生和土木建筑方面也有广泛应用,是一种属于军民两用的高技术纤维。

通用型沥青基碳纤维为各向同性型,其在结构上存在着不均匀性。既存在着有序排列程度较高的晶区,又存在着有序程度较低的非晶区。晶区由无规取向的片状微晶组成,微晶之间相互缠绕,并通过分叉形成网状结构。由发展不充分的微晶或无定形碳组成的非晶区镶嵌在微晶之间的网眼中。高性能沥青基碳纤维的原料是中间相沥青,中间相沥青是由重质芳烃类物质在热处理过程中生成的一种由圆盘状或者棒状分子构成的向列型的液晶物质,其原料可以是煤焦油沥青、石油沥青和纯芳烃类物质以及它们的共混体。

通常沥青只要具有一定的可纺性就能形成纤维形状,但是沥青纤维还必须进行不熔化和碳化处理才能转化为碳纤维,不熔化过程中的氧化反应在高温下进行得更快,因此在提高生产率的同时还必须使处理过程中单丝间不能熔并,保持纤维的形状。

制备沥青碳纤维时,首先要将沥青进行熔融纺丝。熔融纺丝可用喷吹、离心或挤压等方法。挤压法较为常见。挤压法是将沥青熔体用泵或氮气压力送入纺丝主体,通过剪切力和牵伸力的作用使沥青的稠环芳烃片层大分子沿纤维轴向取向排列。纺丝工艺参数根据沥青的流变性能及要求而定,通常纺丝温度高于软化点30~100℃,纺丝压力高达几兆帕,卷绕速度可达1000m/min。沥青的熔纺与一般的高分子不同,它在极短的时间内固化后就不能再进行牵伸,得到的沥青纤维十分脆弱,因此在纺丝时就要求能纺成直径较细的低纤度纤维,以提高最终碳纤维的强度。

由于纺丝沥青是热塑性体,为了在碳化过程中保持其形态和择优取向,必须采用合适的氧化处理方法使之不熔化。不熔化方法主要有气相氧化法(空气、盐酸气、臭氧、NO_2、SO_2 等)和液相氧化法(硝酸、硫酸、高锰酸钾、过氧化氢等)。通常,不熔化沥青纤维是在空气之类的氧化性气体中于高温下完成,其起始温度在软化点以下,随热氧化反应地进行组成沥青纤维的复杂有机分子相互交联,生成不熔不溶体。不熔化时的主要工艺参数有温度、时间、氧化剂种类等。

为提高纤维的力学性能,不熔化沥青纤维应在惰性气体中进行碳化或石墨化。通常碳化是指 1700℃ 以下进行热处理,而石墨化则是指在接近 3000℃ 进行热处理。不熔化纤维在低碳化温度时,其含氧官能团以 CO_2 和 CO 脱离,分子间产生进一步缩聚。在 600℃ 以上伴随脱甲烷脱氢生成焦油状物质的热分解反应进行缩合反应,此时碳平面增长,碳的固有特性得到发展。随碳化温度的升高,单丝的拉伸强度从 500℃ 开始很快增加,而模量直至 600℃ 几乎不变,600℃ 以上才快速反应。随温度的升高,中间相沥青纤维的抗拉强度和模量迅速提高。

三、实验原料及设备

(一)原料

沥青纤维。

(二)设备

LLY-06E 型电子单纤维强力仪、单孔沥青纤维纺丝装置、不熔化装置、碳化装置、光学显微镜、研钵、电子天平。

四、实验步骤

(一)研究方法

1. 碳纤维直径观察与测量——光学显微镜

光学显微镜即以可见光为光源的显微镜。普通的光学显微镜在结构上可分为光学系统和机械装置两个部分。光学系统主要包括目镜、物镜、聚光器、光阑及光源等部分。机械装置主要包括镜筒、镜柱、载物台、镜座、粗细调节螺旋等部分。本实验采用普通光显微镜,用于对纤维形貌进行初步判断,采用带标尺目镜测量碳纤维直径,通过多次测量计算平均值。

2. 力学性能测试——电子强力仪

电子单纤维强力仪是评价纤维拉伸性能技术指标的仪器,电子单纱强力仪也称电子单纤维强力机。它以电测法测试并指示单根纤维受力后的负荷及伸长值的仪器,它用以测试各种单根化学短纤维、棉、毛、麻等力学性能。纤维强力是指纤维拉断时所能承受的最大负荷以 cN 表示,纤维强度是指纤维的断裂比强度,表示纤维的相对强度,它是纤维强力和细度的综合指标,单位为 cN/dtex。电子单纤维强力仪可以像普通纤维强伸度仪一样测量纤维的绝对强力,也可与振动式纤维细度仪联机使用,通过微机接口通信自动计算单根纤维的比强度,以及计算与纤维线密度有关的单根纤维的模量与断裂比功,绘制负荷-伸长曲线。在实验采用 LLY-06E 型电子单纤维强力仪,参照国际标准 ISO 11566—1996 进行测量。

(二)碳纤维制备过程

1. 沥青纤维的纺丝

称取定量沥青原料,简单研磨之后装入不锈钢釜中,放入纺丝区域,连接气路,进行密封检测,通入氮气保护,设定升温程序,开始升温。待达到设定温度并稳定一段时间后开始纺丝,通过控制收丝辊转速调节纤维直径。进行纤维收集。

2. 沥青纤维的不熔化

将沥青纤维用固定夹具固定后放入不熔化炉,设定升温程序后,开始升温,同时开始鼓风,不熔化完成后取出纤维。

3. 沥青纤维的碳化

将不熔化纤维放入碳化炉,通入氩气保护,在 800~1000℃下进行碳化,待温度下降到室温后取出碳纤维。

(三)碳纤维直径观察与测量

将单根碳纤维置于载玻片上,用光学显微镜进行观察,并读出直径。测量 10 根取平均值。

(四)碳纤维拉伸强度测试

参照国际标准 ISO 11566—1996 测量碳纤维强度,取单根碳纤维,测量直径后置于相应尺寸的纸框中,烘烤一段时间后,用拉伸强力仪进行强度测试。根据计算公式计算纤维强度。

五、思考题

1. 沥青基碳纤维有什么特性和用途?
2. 沥青基碳纤维的制备工艺包括哪些步骤?描述其实验室准备过程。
3. 简述沥青基碳纤维不熔化处理的意义与原理。

第七节 核壳结构纤维的制备及形貌研究

一、实验目的

1. 了解静电纺丝技术的原理、影响因素以及应用领域。
2. 掌握静电纺丝制备纳米纤维的工艺及操作流程。
3. 掌握纤维形貌研究方法,了解偏光显微镜、扫描电镜、透射电镜等测试方法。
4. 掌握制备出形貌、直径不同的碳纳米纤维的工艺。

二、静电纺丝原理

静电纺丝就是高分子聚合物的带电液滴受到外加高压电场和其自身表面张力的同时作用,当外加电场力大于表面张力,液滴分裂形成很细的射流,这些射流在向着接收装置运动的过程中不断受到电场力的拉伸,同时伴随着溶剂的挥发及聚合物射流本身的固化,最终落在接收装置上。在此过程中,聚合物自身的性质(分子量、黏度、表面张力、电导率、溶剂的性质),以及纺丝的过程中的工艺参数(电压、接收距离)等都会对最终形成纤维的形态产生重要的影响。

三、实验原料及设备

(一)原料

NMP、铝箔、DMF。

(二)设备

机械搅拌器、磁力搅拌器、偏光显微镜、扫描电镜、透射电镜等。

四、实验步骤

(一)形貌研究方法

1. 偏光显微镜

偏光显微镜是用于研究所谓透明与不透明各向异性材料的一种显微镜。凡具有双折射的物质,在偏光显微镜下就能分辨得清楚,当然这些物质也可用染色法来进行观察,但有些则不可能,而必须利用偏光显微镜。反射偏光显微镜是利用光的偏振特性对具有双折射性物质进行研究鉴定的必备仪器。本实验采用奥林巴斯 BX61 型偏光显微镜,用于对纤维形貌进行初步判断。

2. 扫描电镜

SEM 测试主要用于获取材料形貌、结构、化学成分、电子结构、内部电场和磁场等性能等信息。当一束高能的入射电子轰击物质表面时,被激发的区域将产生二次电子、俄歇电子、特征 X 射线和连续谱 X 射线、背散射电子、透射电子,以及在可见、紫外、红外光区域产生的电磁辐射。同时,也可产生电子—空穴对、晶格振动(声子)、电子振荡(等离子体)。利用电子和物质的相互作用,可以获取被测样品本身的各种物理、化学性质的信息,如形貌、组成、晶体结构、电子结构和内部电场或磁场等。在本次试验过程中,主要用扫描电镜观察不同比例的纤维在碳化前后的形貌以及纤维的直径。

3. 透射电镜

透射电子显微镜是以波长极短的电子束作为照明源,用电磁透镜聚焦成像的一种高分辨率、高放大倍数的电子光学仪器,是对材料结构进行表征的有力手段。样品需要先在玛瑙研钵中充分研磨,约 30min 后用无水乙醇做溶剂滴入已超声洗涤过的样品瓶中超声分散 30min,然后将涂有碳膜的铜网放入样品瓶中蘸取适量液体后迅速取出,在钠光灯下烘干放入样品盒中准备进行测试。

(二)碳纤维的制备及形貌研究

1. 聚合物溶液配置

分别称取不同质量的聚合物置于 50mL 烧杯中,以 DMF 为溶剂,利用磁力搅拌器配置不同溶液浓度的均相纺丝原液。

2. 聚合物纤维制备

实验中使用北京富友马科技有限责任公司生产的 FM-1205 型静电纺丝机。静电纺丝条件：注射器针头接收装置之间的距离是 15cm，注射器推进速度 0.002mm/s，注射器针头 9#，铝箔作为接收装置。

3. 形貌研究

利用偏光显微镜以及 SEM 对纤维形貌进行研究。

五、思考题

1. 静电纺丝技术的优缺点有哪些？

2. 根据实验结果，总结纺丝电压和纺丝原液浓度对纤维的形貌的影响规律并简要阐述原因。

参考文献

[1]肖长发. 化学纤维概论[M]. 北京:中国纺织出版社,1997.

[2]沈新元. 高分子材料加工原理[M]. 北京:中国纺织出版社,2000.

[3]董纪震,罗鸿烈,王庆瑞,等. 合成纤维生产工艺学[M]. 2 版. 北京:纺织工业出版社,1994.

[4]肖长发,尹翠玉,张华,等. 化学纤维概论[M]. 2 版. 北京:中国纺织出版社,2005.

[5]王策. 有机纳米功能材料:高压静电纺丝技术与纳米纤维[M]. 北京:科学出版社,2011.

[6]袁丽红. 微生物学实验[M]. 北京:化学工业出版社,2010.

[7]高绪珊,吴大诚,等. 纤维应用物理学[M]. 北京:中国纺织出版社,2001.

第三章　膜材料综合实验

第一节　热致相分离技术制备聚偏氟乙烯中空纤维微滤膜及性能测试

一、中空纤维膜的制备及形貌观察

（一）实验目的

1. 掌握热致相分离技术中空纤维微滤膜制备的基本原理及实验操作技术。
2. 掌握热致相分离技术制备聚偏氟乙烯中空纤维膜的工艺过程。
3. 了解热致相分离技术中空纤维膜结构调控的方法。

（二）实验原理

热致相分离技术是基于传热的成膜技术，其成膜过程如下：将聚合物、稀释剂以及添加剂（如抗氧剂、亲水剂）机械混合后在一定温度下经螺杆形成铸膜液（溶液），从环形喷丝头的缝隙中挤出，同时将芯液注入喷丝头插入管中，经过一段空气浴后，铸膜液进入凝固浴后降温发生分相以及聚合物的固化而从凝固浴中沉析出来，将稀释剂萃取出，最终得到中空纤维膜。

与非溶剂致相技术相比，影响热致相分离技术膜结构的因素较少，主要是铸膜液组成且其对膜截面结构有较大的影响，而膜制备工艺参数（铸膜液的流量、温度、挤出流量、芯液组成、温度与流量、卷绕速度、空气间隙与湿度、喷丝头规格尺寸）主要影响内外皮层的结构。

膜的性能包括物理化学性能和分离透过性能。膜的物理化学性能是指承压性、耐温性、耐酸碱性、抗氧化性、耐生物与化学侵蚀性、机械强度、膜的厚度、含水量、毒性、生物相容性、亲水性和疏水性、孔隙率、电性能、膜的形态结构以及膜的平均孔径等。膜的分离透过特性主要是指渗透通量和分离效率。

微滤膜分离基本原理是用压力差作为推动力，利用膜孔的渗透和截留性质，使不同的组分实现分离，因此要达到良好的分离目的，要求被分离的组分间分子量至少要相差一个数量级以上。微滤膜分离的工作效率以渗透通量和分离效率作为衡量指标。膜通量计算如下式：

$$J = \frac{V}{S \times t} \tag{3-1}$$

式中：J——0.1MPa 条件下膜的渗透通量（通常测试纯水通量），L/（m²·h）；

　　　S——中空纤维膜的有效面积（外压法为膜外表面积，内压法为膜内表面积），m²；

　　　V——透过液体的体积，L；

t——时间,h。

组分截留率的定义如下式:

$$R = 1 - \frac{C_1}{C_0} \times 100\% \tag{3-2}$$

式中:R——截留率;

C_0——原溶液浓度,g/L;

C_1——透过液浓度,g/L。

将中空纤维膜封成膜组件后,进行中空纤维膜的通量与截留率的测试。进料液可以从膜的内表面透过膜,也可以通过膜的外表面透过膜,因此测试水通量和截留率的方式分为内压法和外压法,如图 3-1 所示。另外,根据料液在膜组件中流动方式的不同,测试水通量和截留率的方式又可以分为:错流法和死端法。综上所述,测试中空纤维膜的水通量和截留率的方式可以分为:内压错流法、外压错流法、内压死端法和外压死端法,如图 3-2 所示。本实验中测试中空纤维膜的通量和截留率用的都是内压错流过滤。

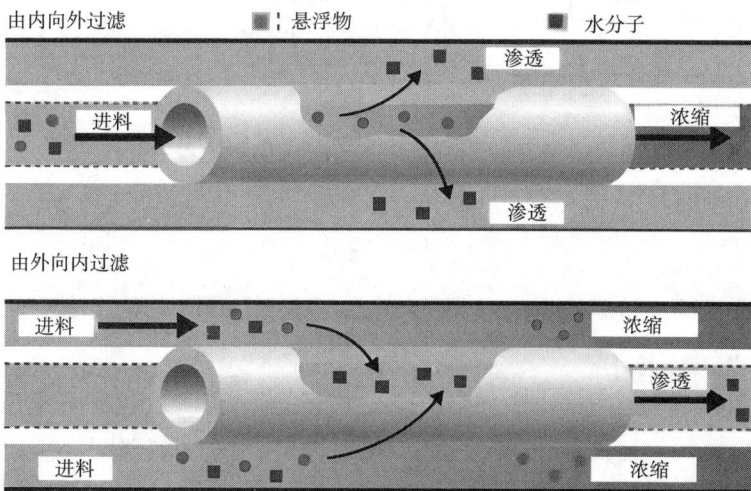

图 3-1 内压法和外压法示意图

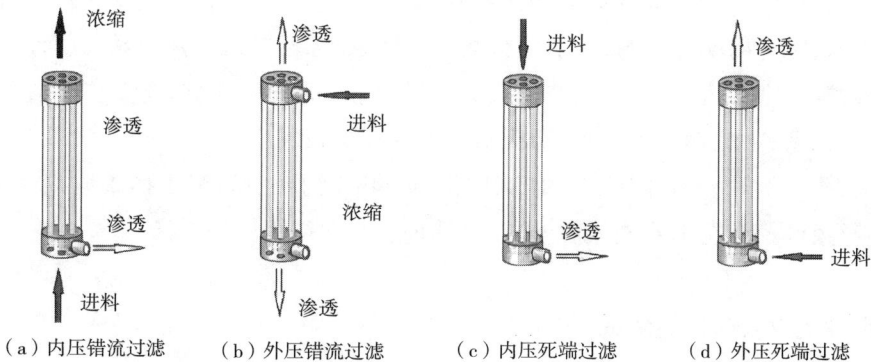

（a）内压错流过滤　　（b）外压错流过滤　　（c）内压死端过滤　　（d）外压死端过滤

图 3-2 过滤过程示意图

(三)实验原料和设备

1. 原料

聚合物(工业级聚偏氟乙烯);稀释剂(主要是水溶性或非水溶性酯类);亲水剂;甘油(工业级)、超滤水、抗氧剂。

2. 设备

中空纤维膜纺丝机一台,包括溶料釜、芯液釜、双螺杆、过滤器、计量泵(规格为 2.4mL/r、1.2mL/r、0.6mL/r)、喷丝板、凝固浴、卷绕、控制柜、拉伸机等。

示意图如图 3-3 所示。

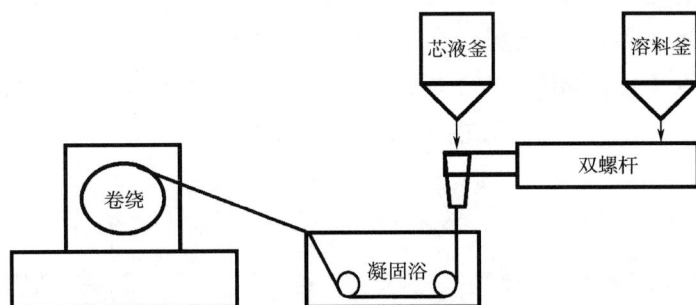

图 3-3　热致相分离技术制备中空纤维膜示意图

(四)实验过程

1. 准备工作

根据膜结构要求确定铸膜液组成以及膜制备工艺参数,设备清理、连接。

2. 膜制备过程

(1)加料:打开溶料釜排气口,使釜内无压力,松开釜顶部压栏,打开加料口,先加入 2/3 稀释剂,缓慢开动搅拌,依次加入固体(聚合物、添加剂等)和剩余的稀释剂,关闭加料口。

(2)升温溶解:打开温控装置和搅拌,逐步升温至形成溶液。

(3)纺丝:提前 1.5h 打开管路温控,双螺杆加热。釜料溶解后,无须脱泡直接纺丝,关闭搅拌压兰,釜中通氮气(溶料釜 0.3MPa,芯液釜 0.05MPa),打开排风扇和釜阀门,开启纺丝泵,芯液泵、螺杆主机,螺杆前端计量泵,调节溶料釜下计量泵、螺杆主机以及喷丝头前计量泵流量,使三者匹配。铸膜液细流进入凝固浴,并依次到达导辊、卷绕机,开始纺丝。纺丝结束后,关闭卷绕机,芯液,排出余料,趁热关闭釜阀,切割初生中空纤维膜成束。

(4)后处理:初生中空纤维膜在萃取剂中浸泡 24h 以上,中间至少换萃取剂两次以便萃取出稀释剂。丝束经控干至不滴液体后,再经热处理后收起待用。

二、膜组件的封装与性能测试

(一)实验目的

1. 掌握简易的实验室微滤膜组件以及小型工业膜组件封装的操作技术。

2. 掌握中空纤维膜通量和分离效率的测试方法。

（二）实验原料和设备

1. 原料

（1）组装膜组件所需材料。中空超滤纤维膜、塑料管、尼龙（1010）管、一次性纸杯、"哥俩好"胶、705 胶、膜组件封装专用树脂、704 硅橡胶。

（2）测试水通量和截留率所需材料。碳素墨水、量筒、塑料量杯、菌种瓶。

2. 设备

防震压力表、不锈钢球形阀门、输液泵、三通、变径、PU 管。

（三）实验装置与流程

中空纤维超滤膜制备流程图如图 3-4 所示。

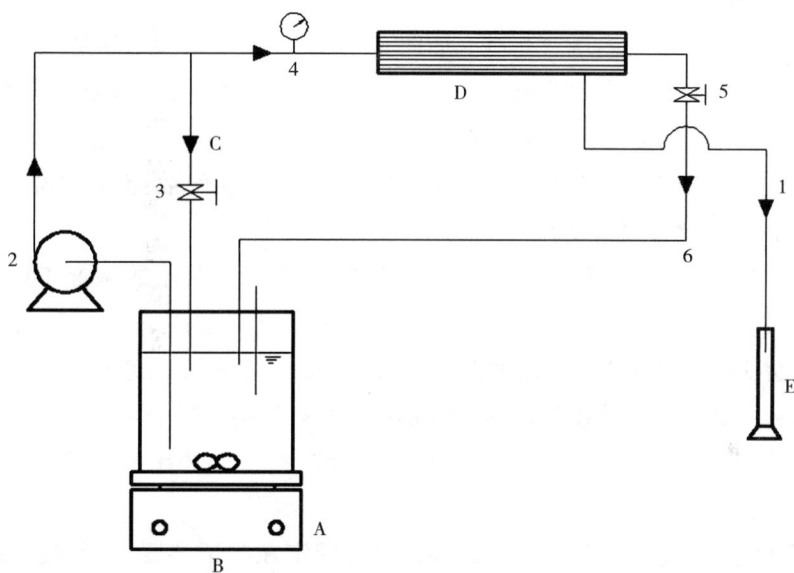

图 3-4 中空纤维超滤膜制备流程

A—磁力搅拌器（电热套） B—进料桶 C—压力表 D—膜组件 E—量筒 1,2,3,4,5,6—管道标号

（四）实验步骤

1. 中空纤维膜的预处理与孔径观察

截取一小段膜，在光学显微镜下观察内、外表面和断面的孔结构。

2. 简易膜组件的封装

（1）剪取 6~8cm 的外径为 10mm 的 PU 塑料管两根，用 704 硅橡胶将其一端粘在纸上，两根塑料管的距离 10~15cm，放置 24h，固化完全，备用。

（2）取长度 40~50cm 中空纤维膜 2~4 根，检查完好后剪齐，在膜两端涂覆 705 胶进行封端（将膜丝端面封住），干后（至少 1h）备用。

（3）组件浇铸。将膜组件封装专用树脂（树脂、固化剂两组分）在一次性纸杯中按一定比例混匀（树脂∶固化剂＝7∶1），倒入 PU 塑料管中（充满 PU 塑料管 3/4 左右的体积）将膜丝插入(注意:膜丝要插到塑料管底部),等树脂完全固化后(至少要放置12h),用剪子进行修整使膜丝断面露出,得到实验室用简易的外压式或内压式膜组件。合格的膜组件特征如下:端面膜丝没有被封住;树脂将膜丝之外的部分封住;PU塑料管端面仍保持圆形,而且没有破损。将膜组件组装到测试通量的流程中,检验膜组件是否漏水,将膜中甘油用水浸泡出去后进行测试。

小型工业级膜组件的封装。打开上盖,将灌好胶的膜组件拧上浇铸帽,固定于浇注机的卡子上;将一定量已配好的胶倒入浇铸帽[胶的用量(切割后厚度为2cm)=组件体积-膜丝占有的体积];打开开关,调节转速10r/min,观察组件旋转是否平稳,保持10min,调节转速到35~40r/min,设定所需温度,保持一段时间使其完全固化(12h);缓慢降低转速,关闭电源,取出膜组件。

3. 水通量与截留率的测试

(1)膜水通量的测定采用内压法测试。如图3-4所示,用泵将纯水压送到中空纤维膜组件内,预压进口压力为0.2MPa,然后升至为0.10MPa,经过膜分离,用量筒接取渗透液,记录一定时间内渗透过膜的水体积,多余的水则回流到贮槽中。每隔5min记录渗透液体积,计算得到不同时间内膜通量,其平均值作为膜水通量。膜面积=$n\pi dl$(n:膜丝数;d:膜丝直径,外压法用外径,内压法用内径;l:膜丝有效长度)。

(2)用中空纤维膜组件截留碳素墨水中的碳素颗粒,截留实验用的装置和测试膜水通量的装置相同。将一定浓度的碳素墨水(0.25g/L)溶液作为测试的进料液,置于磁力搅拌器上不停搅拌,以保证实验过程中混合均匀。用浊度仪测试原料液和渗透液的透光度。

(3)绘制浊度—碳素墨水浓度标准曲线(用蒸馏水配制不同碳素墨水的溶液,以不添加碳素墨水的蒸馏水作为最小浓度),根据所测浊度,在标准曲线上找出渗透液浓度,计算得到截留率。

小型工业级膜组件通量和截留的测试:将膜组件固定在测试装置上、连接管线。打开电源开关,调试开关。打开进水、回水开关,其他关闭。调节泵阀、工作阀,调节压力(通常为0.2MPa),预压20min。调节两表压力到0.1MPa,根据流量计读数得到膜产水量。测试完毕,关闭泵、总电源开关,将水箱中的水放掉,卸下膜组件。

4. 实验报告内容

(1)纺丝装置、过程以及参数(配料情况;溶料温度以及变化、时间;脱泡温度、时间;纺丝时计量泵转速、卷绕转速、纺丝温度、釜压力、芯液压力),计算泵供量,卷绕线速度。

(2)膜组件的封装过程。

(3)测试膜通量和截留率的实验过程,装置。

(4)做出膜通量与时间的关系曲线(5min、10min、60min时的通量与时间关系),并计算平均通量。

(5)计算膜对碳素墨水的截留率。

(五)数据处理

填写表3-1。

表 3-1 实验数据记录表

压力(表压)：　　MPa；温度：　　℃；日期：

实验序号	起止时间	浓度(g/L)			流量(L/min)	
		原料液	浓缩液	透过液	浓缩液	透过液

三、思考题

1. 中空纤维膜热定型的目的是什么？

2. 影响膜结构的主要因素有哪些？怎样影响？

3. 纺丝过程中需要注意哪些问题？如何防止纺丝过程中出现断丝？

4. 膜组件封装过程中需要注意哪些问题？

5. 比较原料液、渗出液以及自来水的浊度，能够得出什么结论？

6. 分析影响中空纤维膜水通量和截留率的因素。

7. 比较简易膜组件以及小型工业膜组件通量和截留效果，能够得出什么结论？

第二节　非溶剂致相分离法制备聚偏氟乙烯中空纤维疏水微孔膜

一、实验目的

1. 掌握非溶剂致相分离法制备中空纤维疏水膜的成膜机理。

2. 掌握非溶剂致相分离法制备聚偏氟乙烯中空纤维疏水膜的纺丝工艺过程及操作技术。

3. 了解非溶剂致相分离法制备中空纤维膜的膜结构调控方法。

二、实验原理

(一)成膜机理

在制备聚合物分离膜中，非溶剂致相分离法也叫干—湿相转化法，是制造皮层与支撑体共同存在的非对称分离膜的最重要的方法。

非溶剂致相分离法成膜过程如下：首先将过滤后的由聚合物、溶剂和成孔剂组成的铸膜液用氮气(带压力)从纺丝釜中压出，经连接管从环形喷丝头的缝隙中挤出，同时将芯液经连接管注入喷丝头内腔中，经过一段空气浴后，铸膜液浸入凝固浴中发生双扩散，即铸膜液中的溶剂向凝固浴扩散以及凝固浴中的凝固剂(非溶剂)向铸膜液中的细流扩散，使铸膜液变成热力学不稳定状态，从而发生相分离过程。膜的内侧和外侧因同时发生凝胶化过程而首先形成皮层，随着双扩散的进一步进行，铸膜液内部的组成不断变化，当达到临界浓度时，聚合物完全固化从凝固浴中沉析出来，将铸膜液中的溶剂和成孔剂萃取出，最终得到中空纤维膜。在相分离过程中，聚合物贫相形成孔结构,聚合物富相形成膜主体。非溶剂致相分离法制疏水膜流程如图3-5所示。

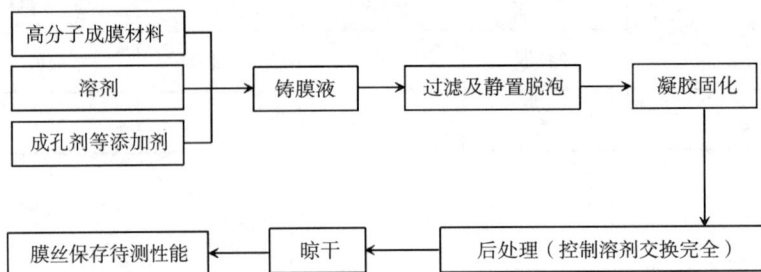

图 3-5 非溶剂致相分离法制疏水膜流程

(二) 影响膜结构的重要因素

(1)铸膜液组成,即溶剂种类、聚合物浓度、添加剂种类及含量。

(2)凝固浴、芯液组成,即种类及浓度。

(3)喷丝头规格,即针头尺寸。

(4)纺丝工艺参数,即铸膜液的流量与温度、挤出流量,芯液温度与流量,凝固浴温度,卷绕速度,空气间隙与湿度,过滤器保温圈温度等。

三、实验原料和设备

(一) 原料

聚合物(工业级 Solef1010 聚偏氟乙烯)、添加剂(实验室自配)、N, N-二甲基乙酰胺(工业级)。

(二) 设备

中空纤维膜纺丝机一台(图3-6),包括芯液罐、过滤器、纺丝喷丝头、凝固浴、绕丝轮及电控柜等。

四、实验过程

(一) 准备工作

根据膜的结构要求确定铸膜液组成以及纺丝工艺参数,设备清理、仪表确认、管线连接。

(二) 膜制备过程

1. 铸膜液配制

在三口玻璃烧瓶中将 PVDF、溶剂 DMAc 和添加剂按照一定比例混合均匀后,加热搅拌(加热温度为80℃,搅拌溶解4h)。然后,将得到的铸膜液投入纺丝釜中,相同温度下经机械搅拌1h后停止,静置脱泡5h。

2. 纺丝过程

预热过滤器、管路、阀门等0.5h以上,旋紧搅拌轴压盖,铸膜液釜和芯液釜通入一定压力的

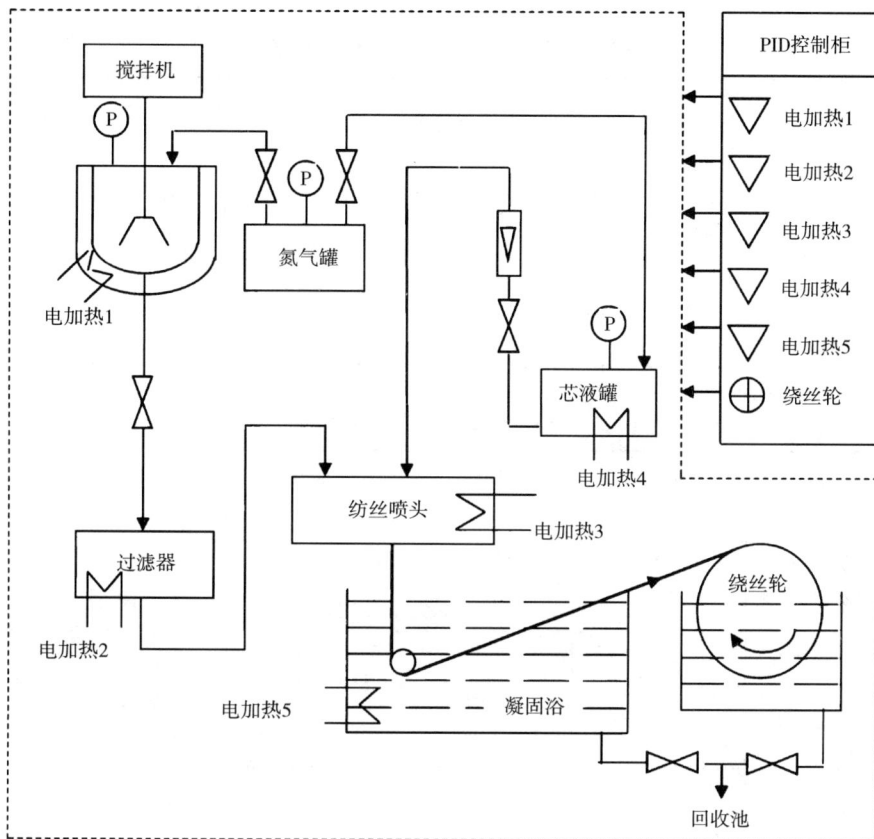

图 3-6 疏水中空纤维膜纺丝设备示意图

氮气。安装喷丝头,开启芯液流量计,通芯液,开启卷绕机。打开过滤器前阀门,开启铸膜液流量计,铸膜液经喷丝头喷出细流而进入凝固浴,待挤出物料基本没有气泡且连续时,依次到达导辊、绕丝轮,开始纺丝。纺丝结束后,关闭绕丝机,切割初生中空纤维膜成束。

3. 后处理

初生中空纤维膜在纯水中浸泡 24h 以上,中间至少换水两次,以便浸出添加的水溶性制孔剂。丝束经控干至不滴水后在凉丝架上晾干收起待测其性能。

(三)实验报告内容

(1)纺丝装置流程与操作方法。

(2)纺丝配料过程:组成、溶料温度与时间、搅拌时间、脱泡温度与时间。

(3)纺丝过程:纺丝时铸膜液及芯液流量、卷绕转速、纺丝温度、釜压力、芯液压力、凝固浴组成及温度。

(4)后处理过程:换水时间及频率。

(5)找出纺丝过程的温度控制点及调控方法。

(6)分析非溶剂致相分离法制备中空纤维膜的膜结构调控方法。

五、数据处理(表 3-2、表 3-3)

表 3-2　铸膜液配制与静置过程实验记录表　　　　　　　日期：

实验序号	起止时间	配料过程					静置脱泡过程	
		PVDF (g)	DMAc (L)	添加剂 (g)	温度 (℃)	时间 (h)	时间 (h)	温度 (℃)

表 3-3　纺丝过程实验记录表　　　　　　　日期：

实验序号	起止时间	铸膜液温度(℃)	过滤器温度(℃)	芯液温度(℃)	凝固浴温度(℃)	喷丝头温度(℃)

		芯液流量 (L/min)	纺丝罐釜压 (MPa)	芯液压力 (MPa)	绕轮速度 (m/s)	膜内径/外径 (μm)

六、思考题

1. 非对称分离膜的制备方法有哪些？

2. 非溶剂致相分离法的优点是什么？

3. 铸膜液配制过程中，要注意哪些问题？

4. 影响膜结构的主要因素有哪些？如何影响？

5. 纺丝过程中需要注意哪些问题？如何防止纺丝过程中出现断丝？

6. 如何保证纺丝过程中的系统稳定性？

7. 中空纤维膜偏心的原因有哪些？

第三节　聚偏氟乙烯中空纤维疏水微孔膜与膜组件性能测试

一、实验目的

1. 掌握实验室用疏水膜组件封装的操作技术。

2. 掌握中空纤维疏水微孔性能的表征方法,尤其是膜蒸馏性能的测试方法。

3. 了解疏水膜的传质分离原理及应用领域。

二、实验原理

膜的性能包括物理化学性能和分离透过性能。要表征的膜的物理化学性能包括分离表面的接触角、力学性能(断裂强力及伸长率)、透水压力、孔隙率、孔径及膜断面结构等,所使用的仪器或装置见表3-4。

表 3-4 中空纤维疏水微孔膜物理化学性能表征一览表

表征性能	测试装置	生产厂家
接触角	接触角测试仪 HARKE-SPCA	北京哈克试验仪器厂
力学性能(断裂强力及伸长率)	电子单纱强力仪 YG061F	莱州市电子仪器有限公司
透水压力	透水压力测试装置	实验室自制
孔隙率(湿重法)	电子天平 FA2004N	上海精密科学仪器有限公司
最大孔径	始泡点压力测试装置	实验室自制
膜表面、断面结构	蔡司光学显微镜 ZEISS AS-10	北京普瑞赛司有限公司

孔隙率 ε 采用称重法来测定,根据公式计算:

$$\varepsilon = \frac{\dfrac{W_w - W_d}{\rho_{H_2O}}}{\dfrac{W_w - W_d}{\rho_{H_2O}} + \dfrac{W_d}{\rho_P}} \times 100\% \quad (3-3)$$

式中:W_w——中空纤维膜丝甩掉其表面水后的质量,kg;

W_d——中空纤维膜丝置于烘箱中干燥至恒重后的质量,kg;

ρ_{H_2O}——水的密度,1.0g/cm³;

ρ_P——聚偏氟乙烯的密度,1.78g/cm³。

通过在无水乙醇中测定的始泡点压力 P_0,利用公式计算膜的最大孔径 d_{max}(μm)。

$$d_{max} = \frac{4\sigma_1 \cos\theta}{P_0} \quad (3-4)$$

式中:σ_1——乙醇的表面张力,N/m;

θ——乙醇在膜表面的接触角,(°);

P_0——膜在无水乙醇中测定的始泡点压力,MPa。

膜蒸馏(membrane distillation,简称MD)是非常具有代表性的疏水膜过程。因其具有操作温度低、设备简单、截留率高,可以处理高浓度水溶液等优点,因而在废水处理及资源化利用、高纯水制备、节水减排等方面具有广阔的应用前景。其原理如图3-7所示,疏水性微孔膜分隔料液侧与冷凝侧,当料液侧挥发性组分蒸气分压高于冷凝侧时,在分压差的驱动下,挥发性组分透过膜孔转移到冷凝侧,而非挥发性组分在疏水膜的界面张力作用下,无法透过膜孔而被截留,从而达到分离提纯的目的。

膜蒸馏过程膜分离的工作效率以膜通量和分离效率作为衡量指标。膜通量 J 为单位时间在单位膜蒸发面积上产生的馏出液质量,kg/(m²·h),由公式计算:

$$J = \frac{\Delta W}{S \Delta t} \qquad (3-5)$$

式中:ΔW——产水罐的产水质量增量,kg;

S——基于膜丝内径(内压法测试)的有效膜面积,m²;

Δt——收集时间,h。

膜蒸馏过程的组分截留率 R,由公式计算:

$$R = \left(1 - \frac{C_1}{C_0}\right) \times 100\% \qquad (3-6)$$

式中:R——截留率;

C_0——原溶液浓度;

C_1——透过液浓度。

膜蒸馏的产水水质,可由电导率仪直接测定。

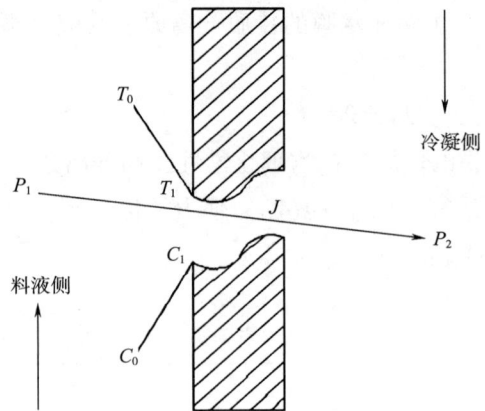

图 3-7 膜蒸馏原理示意图

T_0—主体料液温度 T_1—边界层温度

C_0—主体料液溶质浓度 C_1—边界层溶质浓度

P_1—料液挥发组分蒸气压

P_2—冷凝侧挥发组分蒸气压 J—膜通量

三、实验材料和设备

(一)材料

(1)组装膜组件所需材料:中空纤维疏水微孔膜、ABS 管、膜头、一次性纸杯、705 胶、膜组件封装专用树脂。

(2)测试膜的最大孔径所用材料:中空纤维疏水微孔膜、无水乙醇。

(3)测试膜通量和截留率所需材料:中空纤维疏水微孔膜、氯化钠水溶液。

(4)其他性能测试所用材料:中空纤维疏水微孔膜。

(二)设备

(1)透水压力测试装置:氮气瓶、减压阀、稳压阀、压力表、阀门、容器、注射针头、100mL 量筒、电导仪(图 3-8)。

(2)始泡点压力测试装置:氮气瓶、减压阀、稳压阀、压力表、阀门、容器、注射针头、100mL 量筒(图 3-9)。

(3)减压膜蒸馏性能测试装置:恒温水浴、原料液槽、磁力驱动泵、调节阀、流量计、蛇形冷凝管、产水收集瓶、温度计、压力表、水银压力计(图 3-10)。

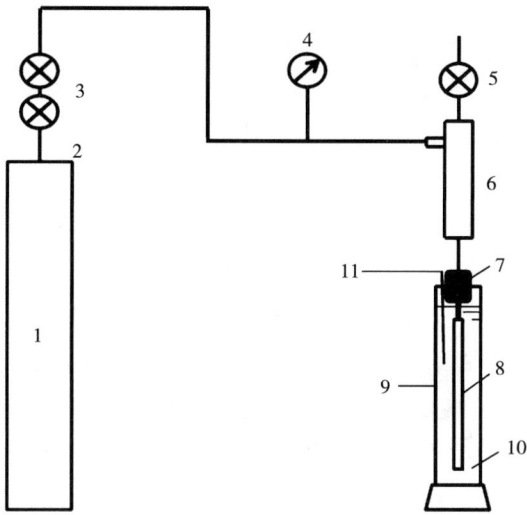

图 3-8　中空纤维疏水膜透水压力测定装置示意图

1—氮气瓶　2—减压阀　3—稳压阀　4—压力表

5—阀门　6—容器　7—注射针头　8—试样

9—100mL 量筒　10—去离子水　11—电导仪

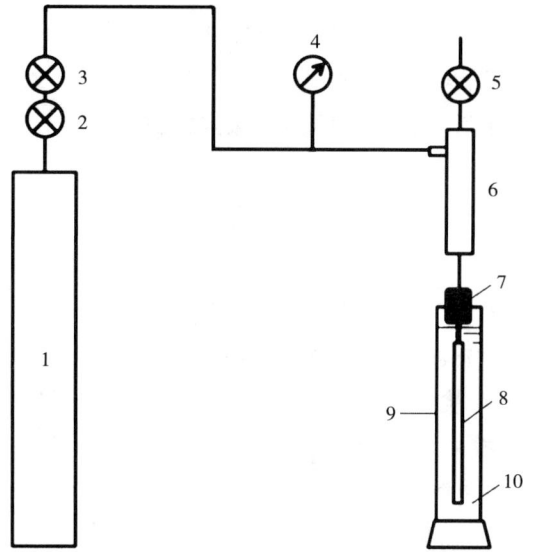

图 3-9　乙醇始泡点压力测定装置示意图

1—氮气瓶　2—减压阀　3—稳压阀　4—压力表

5—阀门　6—容器　7—注射针头　8—试样

9—100mL 量筒　10—无水乙醇

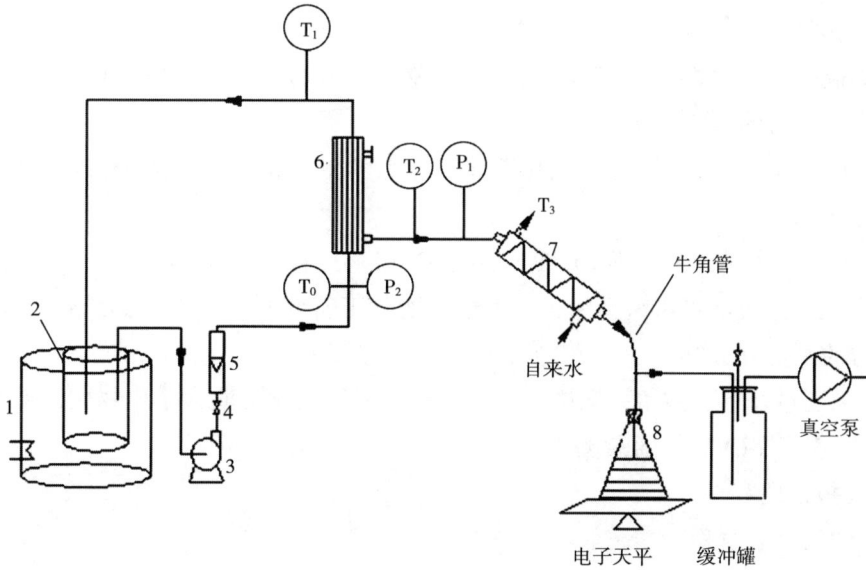

图 3-10　外循环式减压膜蒸馏性能测试装置示意图

1—恒温水浴　2—原料液槽　3—磁力驱动泵　4—调节阀　5—流量计　6—膜组件　7—蛇形冷凝管

8—产水收集瓶　T_0, T_1, T_2, T_3—温度计　P_1—压力表　P_2—水银压力计

四、实验步骤

(一) 中空纤维膜的断面结构观察

截取一小段膜,在光学显微镜下观察内、外表面和断面结构。

(二) 实验室用膜组件的封装

(1) 截取长度为 10~15cm 的 DN20 规格的 ABS 管一根,两端分别用 ABS 胶粘接膜头,制成膜壳,干后(至少 0.5h)备用。

(2) 取长度 15~20cm 中空纤维膜 20~40 根(简称膜束),检查完好后剪齐,在膜两端涂覆 705 胶进行封端(将膜丝端面封住),干后(至少 1h)备用。

(3) 膜组件浇铸:将膜束装入膜壳中,保持两端露留膜丝长度一样,将浇铸端帽的内螺纹处抹匀脂状黄油,拧紧到膜组件的膜头上。将膜组件专用树脂(树脂、固化剂两组分)在一次性纸杯中按一定比例混匀,由膜头的侧口倒入膜头内腔中,将膜组件浇铸的一头垂直朝下,立在桌面上,等树脂完全固化后(至少要放置 12h),用热风枪预热浇铸端至软化后,用壁纸刀切出开孔的膜丝至膜头断面。按照以上方法,浇铸膜组件的另一头,从而得到实验室用膜组件。合格的膜组件特征如下:端面膜丝没有被封住;经检漏试验,组件壳程与管程完全密封;膜丝自身无缺陷,且不断丝。

(三) 聚偏氟乙烯中空纤维疏水微孔膜与膜组件性能测试

(1) 接触角测试见海洋行业标准 HY/T 213—2016《反渗透膜亲水性测试方法》,测试步骤及注意事项可参考天津工业大学生物化工研究所《标准方法之八:接触角的测定方法》。

(2) 力学性能(断裂强力及伸长率)见海洋行业标准 HY/T 213—2016《中空纤维超/微滤膜断裂拉伸强度测定方法》,测试步骤及注意事项可参考天津工业大学生物化工研究所《标准方法之六:拉伸断裂强力和伸长率测定方法》。

(3) 透水压力测试步骤及注意事项见天津工业大学生物化工研究所《标准方法之三:中空纤维疏水膜透水压力的测定方法》。

(4) 膜孔隙率测试步骤及注意事项见天津工业大学生物化工研究所《标准方法之五:膜孔隙率的测定方法》。

(5) 膜始泡点压力见国家标准 GB/T 32361—2015《分离膜孔径测试方法 泡点和平均流量法》,测试步骤及注意事项可参考天津工业大学生物化工研究所《标准方法之四:乙醇始泡点压力及破裂压力的测定方法》。

(6) 膜蒸馏通量及组分截留率测试步骤及注意事项见天津工业大学生物化工研究所《标准方法之二:减压膜蒸馏(VMD)通量测定方法》。

(四) 实验报告内容

(1) 膜组件的封装过程。

(2) 接触角、力学性能、透水压力、孔隙率、最大孔径、膜表面与断面结构测试装置与过程。

(3) 膜蒸馏性能研究(膜通量及截留率)的实验过程与装置。

(4) 做出膜通量与时间的关系曲线(5min、10min、60min 时的通量与时间关系),并计算平均通量。

（5）计算膜对氯化钠水溶液的截留率。

五、数据处理(表3-5、表3-6)

表3-5 中空纤维疏水膜基本性能记录表 日期：

膜编号	测试时间	内径/壁厚 （μm）	断裂强力 （cN）	伸长率 （%）	最大孔径 （μm）	孔隙率 （%）	接触角 （°）

表3-6 减压膜蒸馏过程研究实验记录表 日期：

实验序号	起止时间	温度 （℃）				压力 （kPa）		流量 （L/h）	浓度 （g/L）		产水 （g）	产水电导 （μS/cm）
		T_0	T_1	T_2	T_3	P_0	P_1	F	C_0	C_1	ΔW	σ

六、思考题

1. 膜组件封装过程中需要注意哪些问题？
2. 如何计算疏水膜的有效膜面积？
3. 疏水膜过程是如何实现料液分离的？
4. 疏水膜亲水化后，是否还能进行传质分离？
5. 分析影响中空纤维疏水膜通量和截留率的因素。
6. 膜组件的装填密度是怎么计算的？
7. 以膜蒸馏、超滤为例，对比亲水膜过程、疏水膜过程，二者的区别有哪些？

第四节 磺化聚醚砜/聚醚砜/非织造布复合催化膜及催化制备生物柴油

一、实验目的

1. 掌握磺化聚醚砜制备方法、相转化法制备非织造布/磺化聚醚砜复合催化膜的工艺技术路线、催化膜特征指标测定方法。

2. 了解膜反应器构建及催化制备生物柴油的工艺技术路线、生物柴油常规指标检测方法等。

二、实验原理

生物柴油的概念由德国的热机工程师鲁道夫·狄赛尔（Rudolf Diesel）于1895年提出，在1900年巴黎世界博览会上，鲁道夫·狄赛尔展示了使用花生油作燃料的发动机。生物柴油生产技术的深入研究始于20世纪50年代末60年代初，发展于20世纪70年代，20世纪80年代后迅速发展。到目前为止，生物柴油的生产技术已经基本成熟，大规模的生产已在国外出现，因对环境友好，正逐渐应用到各个生产领域。而生物柴油的化学组成是单链脂肪酸甲酯。天然油脂多为脂肪酸的甘油三酯，经过化学过程（酯交换）后，分子量降低至与石化柴油接近，同时具有柴油的各种性能，因此生物柴油是一种可代替石化柴油使用的环境友好的绿色清洁可再生能源。

根据美国生物柴油协会定义，生物柴油是指以植物、动物油脂等可再生生物质资源生产的、可用于压燃式发动机的清洁燃料。狭义生物柴油又称脂肪酸烷基酯，是以植物果实、种子、植物导管乳汁或动物脂肪油、废弃的食用油等作为原料，与低分子量醇类（甲醇、乙醇等）经过酯交换反应或酯化反应获得，是优质的石化柴油代用品。在生物柴油生产中，所用的原料通常含有较多的脂肪酸（可达50%以上），脂肪酸的存在会严重影响碱催化条件的酯交换反应进行，如消耗碱催化剂，产生皂化现象，产物难分离等不良后果，因此在酯交换反应前必须进行酯化处理。

本综合实验主要开展采用新型膜催化技术制备生物柴油工艺的学习。

目前，生物柴油的制备方法主要分物理法和化学法，物理法包括直接混合法与微乳液法；化学法包括高温热裂解法、酯化和酯交换法。酯化和酯交换法又包括（非）均相酸碱催化法、酶催化法和超临界法等。用于工业化生产生物柴油的主要原料包括大豆油（美国）、油菜籽油（欧共体国家）、废弃食用油（东南亚国家）和酸化油。上述制备方法有各自的优势，但缺点也是非常突出的。如高温裂解法设备昂贵，反应难以控制；均相酸碱催化法催化剂不易回收，产品不易分离，容易造成设备腐蚀，产生大量废水等带来环境污染问题；传统非均相酸碱催化法脂肪酸甲酯转化率低，催化剂不易回收，反应难以连续进行等；生物酶法的酶易失活，转化率低，反应速率慢；超临界甲醇法需要高温高压反应条件，这些缺点限制了上述两种方法的推广。开发新型高效催化技术（高效率、长寿命、低能耗、无腐蚀等）已成为当前生物柴油研发的重要方向和热点。

聚合物膜催化法作为一种非均相催化方法，被认为是一种极具开发潜力的高效、经济、环保制备生物柴油方法。聚合物催化膜具有制备工艺简单，可选材料多，易于实现材料的宏/微观结构设计，易于实现催化活性基团的高强度负载，有希望首先突破非均相催化技术中的诸多制约因素，实现高效率、长寿命、低能耗、无腐蚀的连续化生物柴油工业制备。

三、实验原料和设备

（一）原料

聚醚砜（BASF 3010，德国）、聚乙二醇（PEG-600）；浓硫酸、氯磺酸、N-甲基-2-吡咯烷酮、油酸、甲醇、无水乙醇、氢氧化钾；酚酞（指示剂）。

（二）设备

SXKW数显控温电热套、D8401型多功能调速器、RE52CS-1旋转蒸发器、SHZ-D循环水真空泵、Sartorius Group 电子天平、85-2 型恒温磁力搅拌器、B701-YZ1515 蠕动泵、80-2 离心沉淀机、催化膜反应器(自行设计)。

四、实验步骤

(一)非织造布/磺化聚醚砜复合催化膜制备工艺

磺化聚醚砜(SPES)制备(可由教师提前合成备用):将 PES 放在 110℃真空烘箱里烘干,然后把 40g PES 加入盛有 100mL H_2SO_4(质量分数 98%)的三口烧瓶中,在室温下搅拌溶解形成均一的溶液。然后将 40mL 的氯磺酸(CSA)逐滴加入该溶液,搅拌速度为 500r/min。在 10℃温度下反应数 8~10h 后,将反应产物慢慢滴入冰水中沉淀,滤出沉淀,用去离子水洗至 pH 为 6~7,在真空干燥箱内 60℃烘干后保存待用。

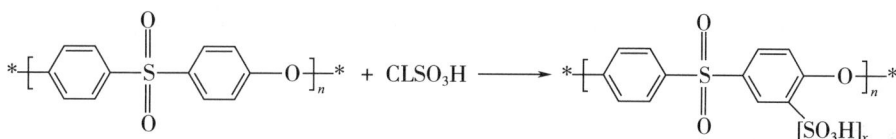

聚醚砜磺化反应式

(二)磺化聚醚砜表征

1. SPES 磺化度测定

磺化度(DS)是指聚醚砜分子链上含有的磺酸基团的重复结构单元占聚醚砜原有重复单元的百分数。具体测定步骤如下:称取一定量干燥过的 SPES 固体溶于 N-甲基-2-吡咯烷酮(NMP)中,用 0.1mol/L 标准 NaOH 溶液滴定;并做空白实验。磺化度可按下式计算:

$$DS = \frac{0.232cV}{m - 0.08cV} \tag{3-7}$$

式中:c——标准 NaOH 溶液的浓度,mol/L;

V——消耗的标准 NaOH 溶液体积,L;

m——SPES 的质量,g。

2. SPES 膜离子交换容量(IEC)测定(可由教师提前完成测定)

离子交换容量是表示单位质量或单位体积所能交换的离子(相当于一价离子)的物质的量。它表示离子交换材料交换能力的大小。

测定离子交换容量的方法是将一定量 H^+ 型的离子交换膜置于烧瓶中,然后加入 10mL NaCl 溶液(0.1mol/L),Na^+ 与离子交换膜上的 H^+ 进行交换,交换下的 H^+ 用已知浓度的 KOH 溶液滴定。反应如下:

$$RH + Na^+ \longrightarrow RNa + H^+$$

$$H^+ + OH^- \longrightarrow H_2O$$

根据 KOH 的浓度和滴定消耗的体积计算离子交换容量,其计算公式如下:

$$IEC = \frac{C \times \Delta V}{M} \tag{3-8}$$

式中：IEC——离子交换容量，mmol/g；

     C——氢氧化钾标准溶液的浓度，mol/L；

    ΔV——滴定所需氢氧化钾标准溶液的体积，mL；

    M——膜的质量，g。

改变磺化反应时间制备了三种磺化度的 SPES，见表 3-7。

表 3-7　不同磺化度 SPES 的 IEC 值

编号	PES（g）	CSA（mL）	磺化温度（℃）	磺化时间（h）	磺化度（%）	IEC 值（mmol/g）
SPES1	20	40	10	10	39.1	1.48
SPES2	20	40	10	6	20.3	0.82
SPES3	20	40	10	3	9.7	0.40

(三)复合催化膜制备

1. 配制铸膜液

先称取 10g 的 PES 加入 180g N,N-二甲基吡咯烷酮中，以 50℃ 的加热温度搅拌溶解成溶液后，加入 10g SPES，并搅拌以确保催化剂粒子在溶液中分散均匀，待溶解分散完全后，静置脱泡，配制成铸膜液。

2. 复合催化膜的制备过程

采用 5%(质量分数)聚乙二醇(PEG-600)的水溶液对 NWF 进行改性。将聚酯非织造布(NWF)放在 50% PEG-600 溶液中 50℃ 恒温超声振荡器中低速振荡 4h，将聚乙二醇吸附在 NWF 表面，取出晾干。将处理过的 NWF 剪成直径为 68mm 的圆片，置于无水乙醇中浸泡 24h，以去除膜表面的杂质，取出晾干。

将干燥过的 NWF 浸入铸膜液中，20min 之后取出浸入乙醇凝固浴中凝固成型，30min 后取出，得到 SPES/PES/NWF 复合催化膜。

(四)复合膜结构表征

1. 复合催化膜孔径分布及孔隙率测定

采用 Auto pore Ⅳ 9500 V1.07 型压汞仪即汞注入法，测量孔径、总的孔表面积、孔隙率等。此方法是把汞注入复合膜中，记录不同压力下注入汞的体积，即每个压力下对应一个孔径的值。在较低压力下，复合膜的大孔被汞注满，随着压力的增加，复合膜的小孔也渐渐被注满。当汞充满复合膜的所有孔时，该压力下注入汞的量达到了最大值。

2. 复合催化膜形貌观察

采用场发射扫描电镜(FESEM，S-4800，日立公司)对 NWF、催化膜的表面及断面结构进行观察。使用冻干机将膜冻干，液氮将 NWF、膜脆断，以观察二者的断面结构，以免引入外界应力对断面结构造成影响。拍照之前对样品的横截面及表面喷金增加其导电性。

五、膜反应器构建及催化制备生物柴油的工艺

(一)工艺过程

本实验中发生的催化酯化反应方程式为:

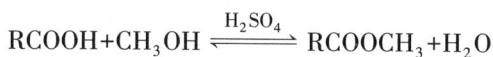

$$RCOOH+CH_3OH \underset{}{\overset{H_2SO_4}{\rightleftharpoons}} RCOOCH_3+H_2O$$

实验装置如图3-11所示,膜反应器装置采用的是自制膜组件。

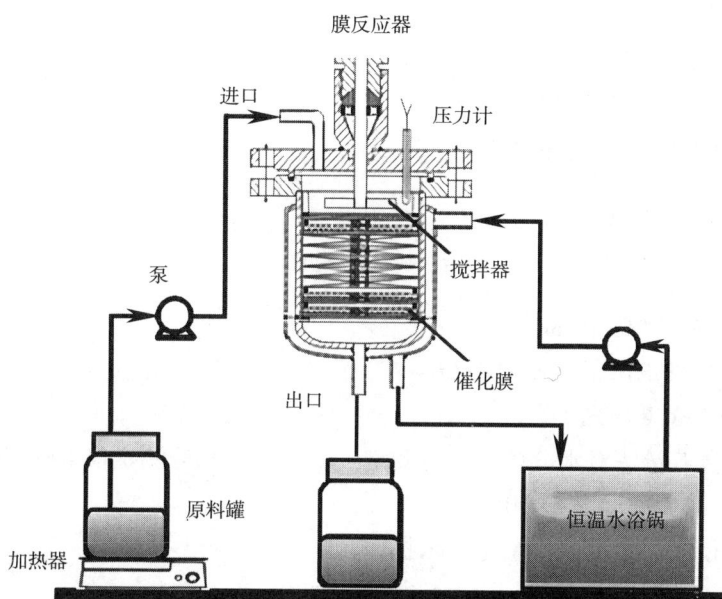

图3-11　催化酯化反应流程图

　　如图3-11所示,膜反应器是由加热装置、搅拌装置、膜池、测温口、进料口、出料口和压力表等七部分组成。催化膜圆片层层固定在膜反应器中,防止侧漏。酯化反应步骤如下:按质量比1∶1在原料罐中加入油酸和甲醇,然后按图3-11装置连接,在进料前将反应物预热并搅拌均匀。在膜反应器中固定催化膜,采用恒温水浴控制膜反应器温度,保证反应温度(60±0.5)℃。原料液利用蠕动泵打到膜的上表面,在压力作用下(实验压力为0.2MPa)透过膜下表面进行恒温反应。当产物罐中收集到流出液时,取出的油样在旋转蒸发器上旋蒸至甲醇完全蒸出。旋蒸后,准确称取待测油样的质量,并用50mL已经中和的热无水乙醇作为溶剂,酚酞作为指示剂,进行酸值测定,计算反应的转化率。

(二)膜反应参数测定

1. 酸值测试和转化率计算

酯化反应所进行的程度通过酸值和转化率来表示。

本实验采用GB/T 5530—2005中的热乙醇法测定油样酸值。标准中规定酸值是中和1g油脂中的游离脂肪酸所需氢氧化钾的毫克数,用mg/g表示。采用热乙醇法就是把试样溶解在热乙醇中,然后用氢氧化钾水溶液滴定。实验流程如下:

将溶有0.5mL酚酞指示剂的49.5mL乙醇溶液置于锥形瓶中,加热至沸腾,接着用0.1mol/L

的氢氧化钾溶液滴定至变淡粉色,并保持溶液 15s 不褪色,即为终点。将中和后的乙醇转移至装有测试样品的锥形瓶中,充分混合,煮沸。用氢氧化钾溶液滴定,滴定过程中要充分摇动。至溶液颜色发生变化,并保持溶液 15s 不褪色,即为终点。

酸值计算:

$$S = \frac{56.1 \times c \times \Delta V}{m} \quad (3-9)$$

式中:ΔV——滴定前后 KOH 的消耗量,L;

    m——样品油的质量,g;

    56.1——氢氧化钾的分子量;

    c——氢氧化钾的浓度,mol/L。

转化率(c)计算:

$$c = \frac{S_i - S_t}{S_i} \times 100\% \quad (3-10)$$

式中:S_i——反应前油的酸值,mg KOH/g;

    S_t——反应后油的酸值,mg KOH/g。

2. 酯化产物水含量测定

采用卡尔费休容量法对水分含量进行测定。卡尔费休水分测定仪 KF-1A 购买于上海精密仪器科技有限公司,灵敏度为 5×10^{-4}。

卡尔费休容量法测定水分含量主要依据电化学反应:

$$I_2 + 2e \rightleftharpoons 2I^-$$

卡尔费休试剂中含有有效成分吡啶和碘等物质,能与待测溶液中的水发生如下化学反应:

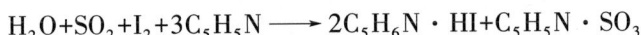

$$H_2O + SO_2 + I_2 + 3C_5H_5N \longrightarrow 2C_5H_6N \cdot HI + C_5H_5N \cdot SO_3$$

$$C_5H_5N \cdot SO_3 + CH_3OH \longrightarrow C_5H_5N \cdot HSO_4CH_3$$

$$C_5H_6N \cdot HI \longrightarrow C_5H_6N \cdot H^+ + I^-$$

反应持续进行,不断消耗水,生成 I^-,水分消耗完毕,反应滴定到终点。通过消耗掉的卡尔费休试剂体积来标定溶液中的水分含量。

根据公式 $X = 10/(v_2 - v_1)$ 计算卡氏试剂的水当量。重复 3 次或 3 次以上求得水当量平均值:

$$\overline{X} = \frac{x_1 + x_2 + x_3}{3} \quad (3-11)$$

然后根据式(3-14)计算水含量:

$$水含量 = \frac{\overline{X}V}{G} \quad (3-12)$$

式中:V——加入样品所消耗卡氏试剂量,mL;

    G——加入样品的质量,mg。

3. 酯化产物硫含量测定

采用江苏江峰有限公司提供的微量硫含量测试仪检测出料液及产物的硫含量,型号为

WK-2D。中国、美国和欧洲生物柴油标准比较见表3-8。

表3-8 中国、美国和欧洲生物柴油标准比较

国家	中国	美国	欧洲
标准编号	GB/T 20828	ASTM 6751-06e1	EN14214
酸值(mg KOH/g)	≤0.8	≤0.5	≤0.5
密度(20℃ , kg/m³)	820~900	—	860~900
运动黏度(40℃ , mm²/s)	1.9~6.0	1.9~6.0	3.5~5.0
闪点(开口)(℃)	≥130	≥130	≥120
凝点(℃)	—	—	5
水含量(质量分数%)	≤ 0.05	—	0.05
硫含量(mg/kg)	≤ 0.05	≤ 0.05	≤ 0.001

六、思考题

1. 膜孔隙率对催化性能的影响如何？
2. 反应物料比、反应温度及加料速度对转化率的影响如何？

第五节　聚醚共聚酰胺复合气体分离膜的制备与性能研究

一、实验目的

1. 了解气体膜分离技术的基本原理、发展状况、应用领域。
2. 了解气体分离膜的制备方法，了解复合气体分离膜的制备原理。
3. 掌握包覆法制备复合气体分离膜的工艺流程。
4. 掌握复合气体分离膜的表征及测试方法。

二、实验原理

气体膜分离是利用分子的渗透速率差使不同气体在膜两侧富集而实现的。当原料气与特殊制造的膜相接触时，在膜两侧压力差驱动下，气体分子透过膜。由于各种气体透过膜的速率不同，渗透速率快的气体在渗透侧富集，而渗透速率慢的气体则在原料侧富集。

气体透过膜是一个复杂的过程。一般来说，使用的膜结构与材质不同，其分离的机理也不相同。如当气体透过多孔膜时，有可能出现分子流、黏性流、表面扩散流、毛细管凝聚和分子筛分等现象；当气体透过非多孔膜时，一般认为符合溶解—扩散机理。如同为致密膜，气体在聚合膜和无机膜中的溶解—扩散过程又有所不同。

气体分离膜,按相态可分为:固态膜、液态膜、气态膜。按来源可分为:天然膜、合成膜、人工膜。按材料可分为:高分子膜、无机膜、杂化膜。按结构可分为:对称膜、非对称膜;多孔膜、致密膜;均质膜、复合膜;平板膜、中空纤维膜、管式膜等。

膜的性能主要指渗透分离性能、热稳定性、化学稳定性能以及经济性。膜材料主要包括无机材料与有机材料。由于不同的制膜工艺和参数,膜的性能差别很大。气体膜材料主要分为有机和无机两大类。其中,商业化的气体分离膜以有机聚合物为主。常用的高聚物膜材料主要包括纤维素及其衍生物类、聚砜类、聚酰胺类。聚酰亚胺类、聚酯类、聚烯烃类、乙烯类聚合物、含硅聚合物、含氟聚合物以及甲壳素类等。

聚醚共聚酰胺(PEBAX)是一种已经商业化了的嵌段共聚物,结构如图 3-12 所示。不仅有很好的成膜性,还有很好的耐酸、碱和有机溶剂性,并且有很高的热稳定和机械稳定性,是一种很具应用前景的膜材料。然而聚醚共聚酰胺是一种橡胶态聚合物,一般只将其用于复合膜分离层的制备。

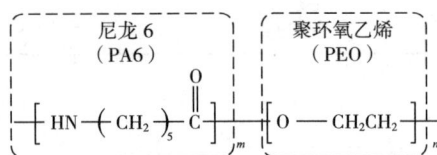

图 3-12　PEBAX 结构示意图

复合膜一般由多孔支撑层和涂层两部分组成,多孔支撑层充分地减小了膜的阻力,但由于膜表面孔的存在,导致膜无法有效地分离混合气体,所以需要用一种聚合物材料(常用的是橡胶态膜材料)涂敷在多孔膜表面,以得到高的选择性。复合膜的致密分离层和多孔支撑层可选用不同的膜材料分别制备,这使得复合膜具有如下的特点:拓宽了膜材料的选择范围,优选不同材料作为分离层与支撑层,使其功能最优化;可使用不同方法制备比相转化膜更加超薄致密的皮层($0.01\sim0.1\mu m$),使膜可以同时具有较高的通量和选择性,还可具有良好的化学稳定性和耐压性;并且大部分复合膜可以制成干膜,便于运输与保存。

本实验将采用包覆法制备聚醚共聚酰胺复合气体分离膜。复合膜的制备一般先制备出多孔支撑层,然后对其进行涂层涂敷,因此复合膜的制备分为两个步骤:多孔支撑层制备和涂层制备。

(一) 多孔支撑层的制备

许多方法可用来制备多孔支撑层,包括浸没—沉淀相转化法、热致相转化法及控制蒸发沉淀相转化法等。非对称膜的制备方法及其工艺条件的控制是获得稳定膜结构和优异膜性能的关键,不同的制备方法所得到的膜结构是不同的。实践中应根据膜材料本身特性及其使用目的,采用合适的制膜方法和成膜工艺条件使膜性能满足不同用途的需要。目前,工业上应用的大部分膜都是采用浸没—沉淀相转化法制备的。将聚合物溶液刮涂在适当的支撑体上,然后浸入凝胶介质中,当溶剂和凝胶介质相互交换达到一定程度后,铸膜液变成热力学不稳定体系,发生液—液或固—液分相并生成沉淀。最终得到的膜结构是由传质和相分离两者共同决定的。

浸没—沉淀相转化法制备的聚合物膜由皮层和多孔支撑层两部分组成,皮层的结构有致密和多孔两种,而不同的皮层结构将影响膜的多孔底层的结构形态。由于此种方法工艺简单、操作方便,因此本实验将采用这种方法来制备支撑层。

较简单的相转化膜是按下列步骤制成的。将由聚合物和溶剂组成的溶液涂在一支撑板上(如玻璃上),刮成薄膜后,浸入非溶剂浴中。溶剂扩散进入凝固浴(J2),而非溶剂扩散到刮成的薄膜内(J1)。经过一段时间后,溶剂和非溶剂之间的交换达到一定程度,此时溶液变成热力学不稳定的,从而发生分层。最终形成不对称结构的固体聚合物膜。图 3-13 是浸入过程膜/凝固浴界面示意图。

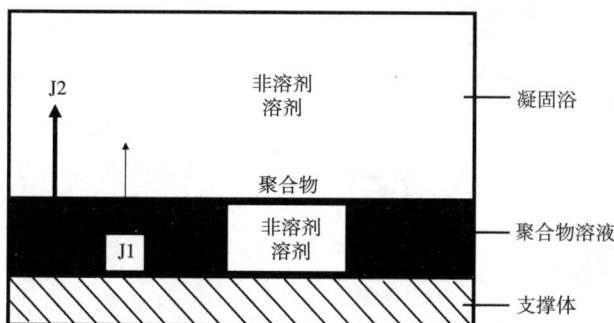

图 3-13 浸入过程膜/凝固浴界面示意图

有许多因素对膜结构有较大影响。包括:聚合物的种类、溶剂和非溶剂的种类、刮膜液组成、凝固浴组成、聚合物的凝胶化和结晶化特性、液—液分层区的位置、刮膜液和凝固浴的温度、蒸发时间等。这些参数并不是互相独立的,通过改变其中一种或多种,可以得到不同的膜结构:从高孔率的孔状膜到非常致密的无孔膜。

浸没—沉淀相转化法成膜是利用铸膜液与凝固浴进行溶剂与凝胶介质的传质交换,使原来稳态的溶液发生相转变而分相固化成膜。从本质上讲,铸膜液溶液的热力学性质决定了体系能否发生相分离,以及将发生何种相分离,从而在一定程度上预测膜的结构。而膜的具体孔径及孔径分布、不对称结构等微观细节则是由溶剂与非溶剂通过界面相互扩散的传质过程决定的。因此,对于膜的最终结构必须从成膜热力学和成膜动力学两方面进行研究。

均匀的铸膜液通过引入第三组分(非溶剂)使组成发生变化,从而发生相分离,形成由非溶剂、溶剂、聚合物构成的三元体系。如图 3-14 所示,三角形的三个顶点分别表示纯的非溶

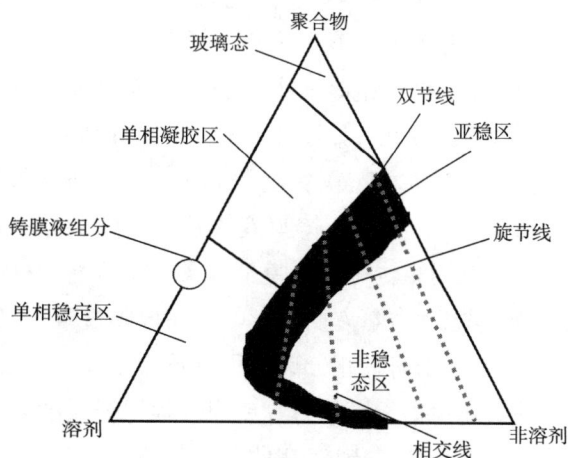

图 3-14 三元相转化法成膜体系热力学相图

剂、溶剂和聚合物,双节线左边为均相聚合物溶液的稳态区,双节线右边为两相区,旋节线又划出亚稳态区和非稳态区,双节线和旋节线之间为亚稳态区,处于其中的溶液为双节线液—液分相过程,按成核—生长机理进行相分离。旋节线的右边为非稳态区,处于其中的溶液体系不稳定,其相分离机理为旋节线液—液分相。双节线与旋节线相交的点,此处两相组成相同,称为临界点。玻璃化转变线以上区域为固态单相区,当溶液进入该区后则转变为固态。

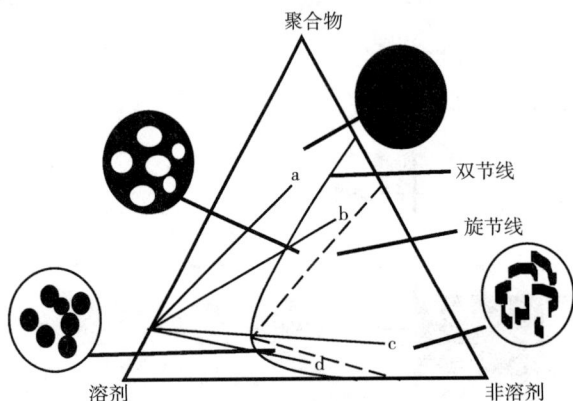

图 3-15 三组分制膜体系的相分离过程

对于制膜体系的相分离过程,体系的组成变化从临界点的何处进入分相区非常重要。如果体系凝胶化产生的溶剂和非溶剂的交换发生在相分离之前,即如图 3-15 中路径 a 所示情况,最终将形成致密的无孔膜;如果体系组成变化从临界点上方的组成进入亚稳态区,体系将发生聚合物晶相成核的液—液分相。由溶剂、非溶剂和少量聚合物所组成的聚合物贫相小液滴分散于聚合物富相连续相中,这些小液滴将在浓度梯度的推动力下不断增大,直到周围的富聚合物连续相经结晶、凝胶化或玻璃化等相转变固化为止。如果在富聚合物连续相固化前,聚合物贫相小液滴发生一定程度的聚结,将会形成通孔、多孔结构,如图 3-15 中路径 b 所示;如果体系从均相区直接进入旋节线右侧的非稳态区,将发生旋节分离。由于不需要克服壁垒,体系将迅速形成互相贯通的聚合物富相和聚合物贫相,最终形成互相贯穿的孔结构。但是,如果在富聚合物相固化前,贫聚合物的微核发生聚并,孔之间的贯穿程度会有所降低,如图 3-15 中路径 c 所示;如果体系组成变化从位于临界点下侧的组成进入双节线与旋节线之间的亚稳态区时,将发生聚合物富相成核的液—液分相,聚合物富相溶液小液滴分散于由溶剂、非溶剂和少量聚合物形成的聚合物贫相连续相中,这些聚合物富相溶液小液滴将在浓度梯度的推动力下不断增大,直到聚合物因发生相转变而固化成膜为止,如图 3-15 中路径 d 所示。但是,此时的分散相是聚合物富相的微核,连续相是聚合物贫相,最终会形成一种机械强度很低的乳胶类结构,由于其机械强度差而没有使用价值。综上所述,铸膜液体系组分间的相平衡是相分离过程中重要的性质之一。

浸没—沉淀相转化法成膜过程属于非平衡过程,因此不仅要采用热力学对成膜过程进行描述,还必须考虑动力学方面的影响。在成膜过程中,铸膜液中任一点的组成是时间和位置的函数,要了解发生了何种相分离过程以及相分离过程是如何发生的,需要知道任一给定时刻某一特定点的组成。由于膜很薄且成膜过程中组成变化很快,很难通过实验准确对组成进行测定,因此只能理论上加以描述,在此不做赘述。

(二)涂层制备

在复合膜的制备关键在于致密层,复合膜涂层的制备方法很多,主要有溶液浸涂或喷涂、界面聚合、等离子聚合、就地聚合(单体催化聚合)、水面展开等方法。其中溶液浸涂法是非常简单并且非常实用的制备方法,在复合膜的制备过程中被广泛采用,本实验也将采用这种方法进行涂膜,流程如图3-16所示。

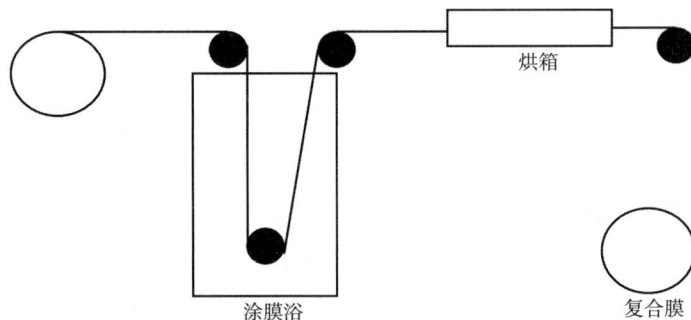

图3-16　浸涂法示意图

在涂敷过程中,涂膜液的性质是十分重要的,主要取决于聚合物的类型、溶剂类型、聚合物浓度及分子量。尽管这种方法操作很简单,但需要注意涂膜液中聚合物的状态,即橡胶态还是玻璃态。如聚合物是弹性体,则可以得到薄的无缺陷涂层。但如果聚合物是玻璃态,则在蒸发过程的某一时刻会经过玻璃化转变温度,随着进一步蒸发,涂层内会产生很大的作用力使涂层破损从而导致漏点产生。

涂层最终厚度可由溶液流体力学确定。如图3-17所示,当纤维或膜片从溶液中提出一段时间后,重力和曳力会达到平衡。平衡厚度(最终厚度)是各种力共同作用的结果,即黏性力、毛细管力和惯性力。涂膜过程可由Navier-Stokes方程描述,由此可得涂层最终厚度的关系式:

$$h_\infty = \frac{2}{3}\sqrt{\frac{\eta v}{\rho g}} \qquad (3-13)$$

图3-17　浸涂过程中浓度分布示意图

式中:h_∞——平衡厚度,m;

v——涂膜速度,m/s;

η——黏度,Pa·s;

ρ——密度,g/cm^3;

g——重力加速度,m/s^2。

溶剂蒸发后表面上形成聚合物膜的厚度正比于涂膜液中聚合物的体积分数。

三、实验原料及设备

(一)原料

聚砜、PEBAX、N,N-二甲基甲酰胺(DMF)、N,N-二甲基乙酰胺(DMAC)、N-甲基吡咯烷酮(NMP)、二甲基亚砜(DMSO)、PEG400、LiCl、LiNO$_3$、正丁醇、乙醇、滤纸。

(二)设备

三口烧瓶、磨口锥形瓶、滴管、烧杯或量筒、玻璃漏斗、培养皿、玻璃板、玻璃棒、铜丝、四氟搅拌桨、机械搅拌器、转子、磁力搅拌器、天平、过滤器、滤布、水槽、渗透池、电子显微镜、气瓶、皂泡流量计、秒表、真空烘箱、铁架台。

四、实验步骤

(一)基膜铸膜液配方确定及准备

查资料确定基膜铸膜液的配方,得到指导老师批准后,按照配方,将干燥后的聚砜加入一定量的溶剂及添加剂中,在90℃下机械搅拌,直到得到完全透明的均质铸膜液。经过滤、真空脱泡后待用。将脱泡静置后的铸膜液倒在玻璃板上,牵引玻璃棒通过,将铸膜液分散在玻璃板上,经过自然蒸发后,进入凝胶浴(自来水)中,溶剂与凝胶介质发生传质交换直至铸膜液分相、固化成膜。最后将非对称膜保存在活动的自来水中清洗。清洗后自然晾干。

(二)复合膜的制备

查资料确定涂层液的配方,得到指导老师批准后,按照配方配置,磁力搅拌,直至涂层液成均一的溶液,过滤,脱泡,待用。

涂层时,将基膜浸泡到涂层液中,取出后自然干燥数小时,再进行真空干燥(70℃),待用。

(三)膜性能表征

膜渗透率(P/L)可由下式计算得到:

$$\frac{P}{L} = \frac{Q}{A\Delta P} \tag{3-14}$$

式中:P——功能层材料的渗透速率,barrer[1];

L——致密皮层厚度,cm;

Q——纯气流速,cm^3·s;

A——被测试膜的有效面积,cm^2;

ΔP——膜两侧的压差,cmHg。

理想选择性计算如下:

$$a\frac{A}{B} = \frac{(P/L)_A}{(P/L)_B} \tag{3-15}$$

膜的表观致密层厚度计算如下:

---

[1] 1barrer $= 10^{-10}$ cm·cm^3(STP)/(cm·s·cmHg),STP 是指标准状况下。

$$L = \frac{P_{\text{致密膜}}}{(P/L)_{\text{中空纤维膜}}} \qquad (3-16)$$

式中：$P_{\text{致密膜}}$——致密膜的渗透速率，barrer。

五、思考题

1. 在基膜制备中，可添加哪些添加剂？各自又有什么影响？
2. 凝胶介质的温度对基膜的形成有什么影响？
3. 基膜中是否有大空穴的形成？如何形成的？有何种方法避免其形成？
4. 涂层过程中的影响因素有哪些？是如何影响的？

第六节　金属纳滤膜的制备与测试

一、实验目的

1. 掌握合金制备及脱合金工艺原理及流程。
2. 通过本实验的学习，使学生了解粉末冶金或铸造法制备块体合金及脱合金的工艺过程。
3. 掌握脱合金造孔的基本原理及主要工艺参数控制。

二、实验原理

分离膜技术的核心是膜材料，目前主要的膜材料为有机高分子，但高分子膜存在耐温、耐溶剂性差、易污染、加工过程中需使用大量有机溶剂造成环境污染等缺陷。而多孔金属膜则无此缺陷，且制备工艺简单、孔径可调（从几纳米到几微米）、环境友好、导电率高等，因此，有望在一些特殊领域取代高分子膜，成为新一代膜材料。脱合金造孔是利用不同金属之间的平衡电位不同进行选择性腐蚀，将活泼金属腐蚀掉，形成多孔。脱合金造孔所得到的多孔材料的孔隙率大，孔径均匀，满足分离膜的使用要求。

三、实验原料和设备

（一）原料

NiAl 合金粉、Mn 片、Ni 棒、钴棒、铜块、石英管、硫酸铵、氢氧化钠。

（二）设备

真空甩带机、压片机、高温管式炉、不锈钢模具。

四、实验步骤

（一）合金制备

1. 粉末冶金法制备 NiAl 合金

将 NiAl 合金与少量 Ni 粉按重量比混合均匀，制得混合粉末，利用不锈钢模具压片，经热压成型,制得成型胚;然后,在 110~125℃烧结 2h,采用分段升温,烧结结束后自然冷却,制得成品。

2. 旋淬法制备 Mn 基多元合金

先采用感应熔炼法制备合金块体,然后利用真空甩带机制备合金条带。

(二)脱合金造孔

采用 6mol/L 的 KOH 溶液在 60℃下腐蚀 NiAl 合金,去除 Al 获得纳米多孔 Ni;对于 Mn 基合金,采用 1mol/L 的硫酸铵溶液常温下腐蚀 3h,去除 Mn 获得纳米多孔 Ni 或 NiCo 合金。

(三)水通量测试

见第三章第一节中"水通量与截留率的测试"。

五、思考题

1. 脱合金造孔的原理是什么?
2. 如何调控纳滤膜的孔径?

第七节　光致发光纳米晶和膜的制备与表征

一、实验目的

1. 了解光致发光的原理,了解能级和上转换等概念。
2. 掌握溶胶—凝胶法制备光致发光纳米晶和膜的各项工艺及操作流程。
3. 掌握旋涂法镀膜工艺条件及镀膜过程中注意事项。
4. 了解工艺参数对纳米晶和膜的组织和性能的影响。
5. 了解材料科学研究活动的一般过程。

二、实验原理

(一)光致发光原理

光致发光是用光激发发光体引起的发光现象。光致发光材料中,通过量子剪裁将一个高能光子剪裁为两个低能光子的材料称为下转换发光材料,先吸收长波然后辐射出短波的材料称为上转换材料。大部分的光致发光材料遵循斯托克斯定律,即发射光的光谱能量低于激发光的光谱能量,也就是说,发射光谱中最大强度所对应的波长相对于激发光谱中最大强度所对应的波长而言向长波长方向移动,这样的发光现象称为下转换发光。然而,有一部分光致发光材料违背了斯托克斯定律,可以用长波长的光激发得到短波长的发射光,这种现象称为反斯托克斯发光或上转换发光。

上转换材料可以将多个低能量的光子转换为一个高能量光子,有光学集聚的功效,因而在光致发光膜的制备与应用上有较好的发展前景。

（二）溶胶—凝胶法

溶胶—凝胶法就是用含高化学活性组分的化合物作前驱体，在液相下将这些原料均匀混合，并进行水解、缩合化学反应，在溶液中形成稳定的透明溶胶体系，溶胶经陈化胶粒间缓慢聚合，形成三维空间网络结构的凝胶，凝胶网络间充满了失去流动性的溶剂，形成凝胶。凝胶经过干燥、烧结固化制备出分子乃至纳米级亚结构的材料。溶胶—凝胶法是制备纳米粒子及薄膜较常用也是较有效的手段和方法之一。溶胶—凝胶法具有原料纯度高、均匀性好、制备温度低等特点，且其制备薄膜以工艺简单、成本较低、组分易控等优点备受关注。

（三）旋转镀膜法

采用转速可调的高速旋转装置带动镀件在水平面内平稳高速转动，镀膜液从上方滴到镀件上，由转动的离心力将液滴甩开成膜。此法较简单，制备的薄膜较均匀，薄膜厚度由转速和镀膜液的黏滞系数调节控制。转速越高、黏滞系数越小，薄膜越薄。该法对镀膜液的利用率很高，但只能用于镀制尺寸较小的器件。

（四）膜的干燥与烧结

干燥过程是制膜成功的关键。通常应注意的是：干燥温度、干燥时间和环境湿度。虽然到目前为止，干燥环境与凝胶孔径比例关系还不是很清楚，但当我们注意到环境对凝胶、膜的影响，然后在控制实验过程中凝胶和膜的形成，会对膜的结构有一个很好的预测。

烧结过程是将凝胶层转化成膜，是 Sol-gel 法制膜的最后一道工序。在烧结过程中原凝胶层的组成、物相、孔结构均会发生变化。烧结过程是导致致密膜变化的过程。所以烧结前要通过热分析来确定溶剂的蒸发温度、有机添加剂的分解或燃尽温度以及晶型的转变温度。溶胶干燥转变为凝胶时会发生胶粒聚集，在升温烧结过程中会加剧聚集，所以烧结过程中要严格控制升温速度。

（五）纳米晶粉体的烧结

对配制好的凝胶进行热处理，包括烧结和退火，可以得到纳米晶发光粉体，热处理的温度对纳米晶颗粒的结晶和晶粒大小有着重要的影响，所以选取适当的烧结和退火温度对纳米晶的形成有着至关重要的影响。

三、实验原料和设备

（一）原料

钛酸正丁酯 [$Ti(OBu)_4$]，异丙醇，乙酰丙酮，硝酸，硝酸铒 [$Er(NO_3)_3 \cdot 5H_2O$]，硝酸镱 [$Yb(NO_3)_3 \cdot 5H_2O$]，硝酸钬 [$Ho(NO_3)_3 \cdot 5H_2O$]，硝酸锂 [$Li NO_3 \cdot H_2O$]。

（二）设备

分析天平，烧杯，药匙，称量纸，磁力搅拌转子，滴管，量筒，旋转涂膜机，超声波清洗机，磁力加热搅拌器，真空干燥箱，恒温水浴锅，烧杯，马弗炉，单向倒置金相显微镜 4XA，Hitachi S-4800 型电场发射扫描电子显微镜（FE-SEM），SP-756/756PC 型紫外—可见光分光光度计。

四、实验步骤

(一)配方设计

本实验分 A、B 两组。A 组做 Li$^+$ 浓度对 Ho^{3+}/Yb^{3+} 体系发光的影响和摊胶转速对膜的影响实验;B 组做 Li$^+$ 浓度对 Er^{3+}/Yb^{3+} 体系发光的影响和匀胶转速对膜的影响实验。其参考配方见表 3-9。

表 3-9　参考配方(钛酸正丁酯 3g,溶剂异丙醇 9.2713g)

成分	摩尔百分比(%)	成分	摩尔百分比(%)
Ti(OBu)$_4$	1	Yb(NO$_3$)$_3$	0.20
Ho(NO$_3$)$_3$(A 组)	0.05	LiNO$_3$	—
Er(NO$_3$)$_3$(B 组)	0.05		

(二)操作方法

1. 玻璃基片的清洗

将玻璃基片切割为小尺寸 50mm×50mm,以便于在匀胶机上旋涂涂膜的操作。然后对切割好的玻璃基片进行超声清洗。清洗的目的是除去基片表面的固体附着物、油和离子等,步骤如下:

(1)用大量纯水冲洗,洗去玻璃表面的固体杂质。

(2)将玻璃基片放入乙醇中浸泡,如果发现有油污,用棉球轻轻擦拭。

(3)再浸泡在乙醇中超声波清洗 10min。

(4)再次用乙醇冲洗。

(5)烘箱中干燥,存放待用。

2. 溶胶的制备

实验主要研究不同浓度 Li$^+$ 的掺杂对 Ho^{3+}(Er^{3+})/Yb^{3+} 体系光致发光纳米晶和薄膜组织性能的影响。

本实验以钛酸正丁酯为前驱体,异丙醇为溶剂,硝酸为催化剂,稀土元素激活剂和敏化剂,锂离子为影响性掺杂,用溶胶—凝胶法制备光致发光溶胶溶液。

(1)用电子天平按照配方比称量 Ti(OBu)$_4$、乙酰丙酮及异丙醇为 A 液,倒入 50mL 烧杯中,加入磁转子后放置于磁力搅拌器上搅拌 30min。

(2)将称量好的 B 液(成比例的异丙醇、硝酸、去离子水)缓慢滴加到 A 液中(滴/3s),此过程一定要缓慢,否则会反应过快溶胶颜色会变深甚至变浑浊生成沉淀。

(3)滴加完全后再搅拌 20min,然后继续向溶液中加入配方比例的 Ho(NO$_3$)$_3$、Yb(NO$_3$)$_3$ 和 LiNO$_3$。继续搅拌 60min,直至完全溶解,即制备好了 Ho^{3+}(Er^{3+})、Yb^{3+}、Li$^+$ 掺杂的 TiO$_2$ 溶胶。

(4)此时,在超声波清洗器里加适量水,把制备好的溶胶放入超声振荡 20min,取出静置 24h。

具体实验流程图如图 3-18 所示。

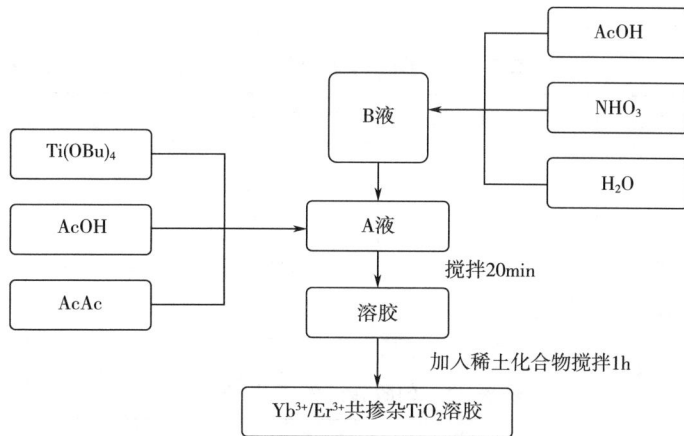

图 3-18　溶胶制备流程图

不同浓度 Li^+ 对 $Ho^{3+}(Er^{3+})/Yb^{3+}$ 体系发光的影响见表 3-10、表 3-11。

表 3-10　Li^+ 浓度对 Ho^{3+}/Yb^{3+} 体系发光的影响（A 组）

序号	$Ti(OBu)_4$	$LiNO_3$	$Ho(NO_3)_3$	$Yb(NO_3)_3$	粒径（nm）
A1	1	0.02	0.05	0.20	
A2	1	0.04	0.05	0.20	
A3	1	0.06	0.05	0.20	
A4	1	0.08	0.05	0.20	
A5	1	0.10	0.05	0.20	

注　表中数据均为摩尔百分比，实验过程中须根据实际情况计算。

表 3-11　Li^+ 浓度对 Er^{3+}/Yb^{3+} 体系发光的影响（B 组）

序号	$Ti(OBu)_4$	$LiNO_3$	$Er(NO_3)_3$	$Yb(NO_3)_3$	粒径（nm）
B1	1	0.02	0.05	0.20	
B2	1	0.04	0.05	0.20	
B3	1	0.06	0.05	0.20	
B4	1	0.08	0.05	0.20	
B5	1	0.10	0.05	0.20	

注　表中数据均为摩尔百分比，实验过程中须根据实际情况计算。

3. 光致发光膜的制备

采用旋涂法涂膜：将之前制备的溶液搅拌均匀，再超声分散 15min，使溶液中团聚纳米颗粒分散均匀。实验中采用匀胶机进行制膜，按照溶胶制备工艺制备好的溶胶滴到吸附在托盘上的基片上。采用不同的匀胶转速，匀胶时间来研究涂膜工艺参数对薄膜微观结构的影响，以确定最优工艺参数(表3-12、表3-13)。

表3-12 摊胶转速的影响(A组)

序号	摊胶转速(r/min)	摊胶时间(s)	匀胶转速(r/min)	匀胶时间(s)	膜厚度(nm)
A1	800	12	3000	25	
A2	1000	12	3000	25	
A3	1200	12	3000	25	
A4	1400	12	3000	25	

表3-13 匀胶转速的影响(B组)

序号	摊胶转速(r/min)	摊胶时间(s)	匀胶转速(r/min)	匀胶时间(s)	膜厚度(nm)
B1	1000	12	2500	25	
B2	1000	12	3000	25	
B3	1000	12	3500	25	
B4	1000	12	4000	25	

4. 薄膜的干燥和烧结

对镀膜基片进行干燥和热处理,之后对薄膜样品的微观形貌和光致发光性能进行表征(表3-14)。

表3-14 膜的干燥和烧结

干燥温度(℃)	干燥时间(min)	烧结温度(℃)	保温时间(min)
80	10	450	60

5. 纳米晶烧结(表3-15)

表3-15 纳米晶的烧结和退火

烧结温度(℃)	烧结时间(min)	退火温度(℃)
900	120	300

(三)性能测试

1. 薄膜组织的观测

(1)光致发光膜首先采用单向倒置金相显微镜4XA进行膜表面形貌的初步观察,观察镀膜的厚度是否均匀,有无聚集,裂开的现象。

(2)进一步观察采用日立公司 Hitachi S-4800 型电场发射扫描电子显微镜(field emission scanning electron microscopy, FESEM)作形貌分析,观察样品的形貌、样品结构、粒径、粒径分布等。

2. 纳米晶粉体光致发光性质的检测

采用上海光谱仪器有限公司 SP-756/756PC 型紫外—可见光分光光度计(UV-vis spectrophotometer)做光谱分析。

五、实验记录及结果分析

(一)实验记录

(1)凝胶制备过程中溶液颜色等的变化;

(2)由金相显微镜粗略观察膜的大致形态,厚度是否均匀;

(3)由扫描电子显微镜观察薄膜样品的物理性能:粒径、表面规整度等;

(4)由紫外—可见光分光光度计(UV-vis spectrophotometer)做光谱分析。

(二)结果分析

(1)掺杂比例、镀膜工艺对粒径,薄膜表面形貌等的影响。

(2)掺杂比例、镀膜工艺对光致发光性能的影响。

六、思考题

1. 玻璃镀膜还有哪几种方法?

2. 什么是光致发光?什么是上转换?什么是下转换?

3. 发光的原理是什么?对应哪个能级跃迁?

4. 分析工艺条件对薄膜质量的影响。

第八节 热致变色膜的制备与表征

一、实验目的

1. 了解热致变色膜的工作原理。

2. 掌握溶胶凝胶法制备薄膜的工艺过程。

3. 了解热处理工艺对膜组织与性能的影响。

4. 了解膜的表征工艺。

二、实验原理

(一)热致变色原理

热致变色材料是一类在一定温度范围内其颜色随温度改变而改变的特种材料。其颜色的改变可以从无色变到有色,可以从有色变到无色,也可以从一种颜色变为另一种颜色,还有受热后相继出现两种或两种以上颜色的多变色材料。

大多数金属离子化合物可以作热致变色材料的变色机理是由晶格转变引起的,物质在一定的温度作用下其晶格发生位移,即由一种晶型转变为另一种晶型而导致颜色改变,当冷却到一定温度后晶格恢复原状,颜色也随之复原。其中 VO_2,当温度高于 68℃时为四方相(金属相),当温度小于 68℃时为单斜相(半导体相),如图 3-19 所示。

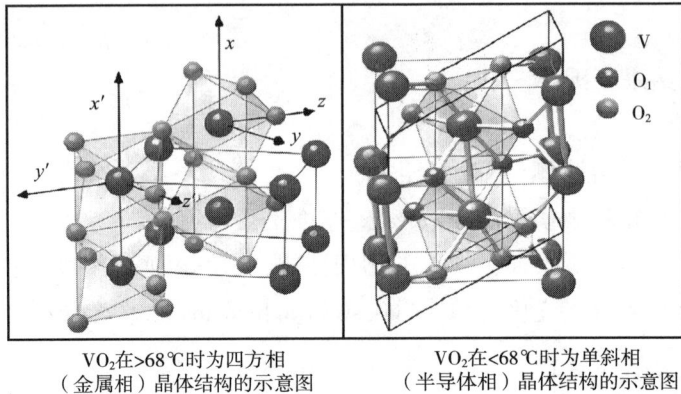

VO₂在>68℃时为四方相　　　　　VO₂在<68℃时为单斜相
（金属相）晶体结构的示意图　　　（半导体相）晶体结构的示意图

图 3-19　VO_2 的金属相和半导体相

(二)溶胶—凝胶法原理

溶胶是指微小的固体颗粒悬浮分散在液相中,并且不停地进行布朗运动的体系。根据粒子与溶剂间相互作用的强弱,通常将溶胶分为亲液型和憎液型两类。由于界面原子的 Gibbs 自由能比内部原子高,溶胶是热力学不稳定体系。凝胶是指胶体颗粒或高聚物分子互相交联,形成空间网状结构,在网状结构的孔隙中充满了液体(在干凝胶中的分散介质也可以是气体)的分散体系。并非所有的溶胶都能转变为凝胶,凝胶能否形成的关键在于胶粒间的相互作用力是否足够强,以致克服胶粒—溶剂间的相互作用力。溶胶—凝胶法的化学过程根据原料不同可以分为有机工艺和无机工艺,根据溶胶—凝胶过程的不同可以分为胶体型 Sol-gel 过程、无机聚合物型 Sol-gel 过程和络合物型 Sol-gel 过程。

(三)溶胶—凝胶法制膜过程

1. 溶胶的制备

溶胶的性质对产物薄膜的结构和性能有着重要影响,用于薄膜涂覆的溶胶需要有合适的黏度和稳定性,为此需要控制金属盐的水解和缩聚反应速率及其进行程度,否则将会导致溶胶体系的不均匀,甚至产生沉淀和絮凝。为了对反应进行控制以期获得较好的溶胶,添加有机络合剂是一种比较好的方法。

2. 薄膜的涂覆

得到稳定、均匀的溶胶后,便可在基片上进行薄膜的涂敷。常用的涂膜方法有三种:①旋转涂敷法;②浸渍—提拉法;③喷涂法。浸渍—提拉镀膜工艺是将处理过的基片浸入溶胶,再以一定的速度将其均匀地提拉出来,使基片表面形成一层均匀的薄膜。基片表面的粗糙程度和清洁度将直接影响薄膜与基片的接触牢固性和薄膜厚度的均匀性,拉膜前一般需对衬底进行一定的预处理。

3. 干燥和热处理

每次涂膜之后,对薄膜进行干燥处理以除去溶胶中存在的水分及有挥发性的物质,干燥过程中温度和湿度的变化会对溶胶在基片上的凝胶化速度产生影响。将干燥后的薄膜在一定温度下进行热处理,进一步除去凝胶膜中的残余有机物并使氧化物晶化,同时使膜与基片达到良好的附着结合。凝胶膜在热处理过的升温速率也会影响薄膜的表观结构,过快的升温速率可能导致薄膜内的结构坍塌。

三、实验原料和设备

(一)原料

乙酰丙酮氧钒(分析纯)、甲醇(分析纯)、高纯氮。

(二)设备

匀胶机、SK-1200 型真空管式炉。

四、实验过程

1. 溶液的制备

将乙酰丙酮氧钒加入甲醇中,浓度 0.2mol/L。

2. 玻璃基片的清洗

将玻璃基片切割为小尺寸(50mm×50mm),以便于在匀胶机上旋涂涂膜的操作。然后对切割好的玻璃基片进行超声清洗。清洗的目的是除去基片表面的固体附着物、油和离子等,步骤如下:

(1)用大量纯水冲洗,洗去玻璃表面的固体杂质。

(2)将玻璃基片放入乙醇中浸泡,如果发现有油污,用棉球轻轻擦拭。

(3)再浸泡在乙醇中超声波清洗 10min。

(4)再次用乙醇冲洗。

(5)烘箱中干燥,存放待用。

3. 溶胶的制备

(1)在室温下,将分析纯或优级纯乙酰丙酮氧钒溶解在过量甲醇中,如果要制备掺杂的氧化钒薄膜,则同时溶入相应量的所需元素的盐类,并使甲醇适量挥发至钒的摩尔浓度为 0.2mol/L。

(2)用≤0.2μm 注射过滤器滤去溶液中的细微不溶颗粒,以防止其对薄膜造成污染,用磁力搅拌器将过滤后的溶液缓慢搅拌 24h,令其充分水解,然后密封放置陈化三天以上,即得到适于匀胶的透明、均匀的溶胶。

本实验主要研究不同的热处理温度对薄膜质量和性质(如光学特性、电阻率等)影响。

4. 薄膜的制备

将制备好的溶胶滴到基片上,用匀胶机甩胶,转速 2000~3500r/min,时间 20~25s;匀胶后,将膜放在 70~80℃的烘箱中烘烤 20~30min,以驱除多余的溶剂。并重复匀胶和烘烤多次,直至达到所需薄膜的厚度为止;然后将薄膜放在氮气气氛炉中,在 550~650℃的温度下热处理 15~30min,即得到均一的二氧化钒薄膜。

研究工艺参数(匀胶转速、匀胶时间)的不同,对薄膜组织性能的影响(表3-16);薄膜厚度对透过率以及电导率的影响(表3-17)。

表3-16　匀胶转速的影响

序号	匀胶转速(r/min)	匀胶时间(s)	薄膜的质量
1	2000	25	
2	2500	25	
3	3000	25	
4	3500	25	

表3-17　薄膜厚度的影响

序号	薄膜厚度(层)	透过率(%)	电导率(S/m)
1	3		
2	5		
3	7		
4	9		

5. 薄膜的烧结

热处理工艺不同对薄膜的组织性能的影响(表3-18、表3-19)。

表3-18　烧结温度的影响

序号	烧结温度(℃)	保温时间(h)	透过率(%)	电导率(S/m)
1	450	1		
2	500	1		
3	550	1		
4	600	1		
5	650	1		

表3-19　保温时间的影响

序号	烧结温度(℃)	保温时间(min)	透过率(%)	电导率(S/m)
1	550	30		
2	550	60		
3	550	90		
4	550	120		
5	550	150		

6. 样品的表征

首先采用单向倒置金相显微镜 4XA 进行膜表面形貌的初步观察,观察薄膜是否均匀,有无团聚、裂开等现象。

通过 X 射线衍射谱分析,对薄膜中由各种元素构成的具有固定结构的晶体化合物(其中包括单质和固溶体),即所谓的物相,进行定性和定量分析。

采用场发射扫描电子显微镜进行薄膜表面形貌、微观结构以及断面分析,包括颗粒粒径及分布、薄膜的连续性以及与基片的结合情况等。

采用紫外—可见分光光度计来测试薄膜的透过率变化。

采用范德堡法(van der Pauw)四电极法对薄膜的高温电导率进行测试,测试步骤如下:

在圆周垂直对称的四个点上分别接出四个电极,按照图 3-20(a),依次将电极接在电流源与直流数字电压表上,可测得样品的电阻 $R_1 = V_{cd}I_{ab}$;按图 3-20(b)依次将四电极接在电流源与直流数字电压表上,可测得样品的电阻 $R_2 = V_{da}/I_{bc}$。利用下面的公式就可得到样品的电导率:

$$\rho = \frac{\Pi}{\ln 2}\left(\frac{R_1 + R_2}{2}\right)f(R_1/R_2)t \tag{3-17}$$

式中:$f(R_1/R_2)$——van der Pauw 函数,当四个电极完全对称分布时,该函数 $f(R_1/R_2) = 1$;

　　　t——样品的厚度。

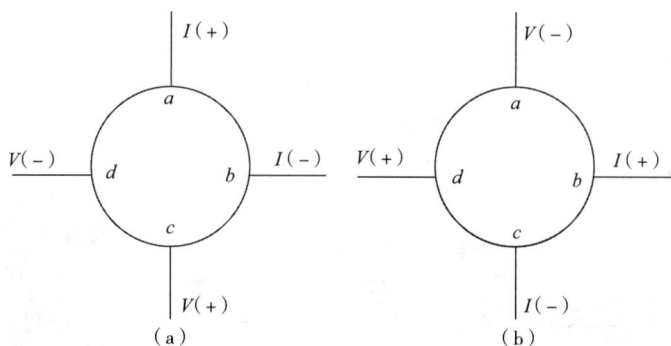

图 3-20　van der Pauw 四电极法原理示意图(a、b、c、d 为触点)

五、结果分析

采用旋转涂覆法时,薄膜厚度除了受到溶胶性质(如浓度、黏度等)的影响外,旋转涂覆机的转速是决定膜厚的另一个因素。要在整个基板表面获得均匀的薄膜,转速的选取就要考虑基板尺寸的大小和溶胶在基板表面的流动性能(与黏度有关)。如果转速不高,获得的膜层不均匀;但转速提高,一次成膜的厚度变薄,就需要多次反复地成膜。

六、思考题

1. 旋涂法制备无机薄膜的微观形貌与哪些因素有关?

2. 如何提高溶胶凝胶法制备的无机薄膜的均匀性?

第九节　玻璃中空纤维膜的制备与气孔率测试

一、实验目的

1. 掌握实验中各种仪器设备的基本操作。
2. 掌握铸膜液配制、干湿法纺丝、热处理、气孔率测试等一系列工艺方法。
3. 养成实事求是的科学态度、良好的实验习惯和严谨的工作作风。

二、实验原理

本实验将非溶剂致相分离法和固态粒子烧结法相结合,采用非溶剂致相分离法制备掺混玻璃粉体的中空纤维膜原丝,基本原理是将 PVDF 和玻璃粉体与 DMAc 溶剂混合获得铸膜液,采用干湿法纺丝将原丝置于凝固浴中,使溶剂和非溶剂发生交换,促使膜成型。然后采用烧结法去除有机黏结剂,将玻璃粉体颗粒烧结成一体(图 3-21)。烧结成膜的基本原理是高温下通过排除有机黏结剂获得孔结构,同时利用玻璃粉体的熔化作用使颗粒间大孔消失,获得小孔。

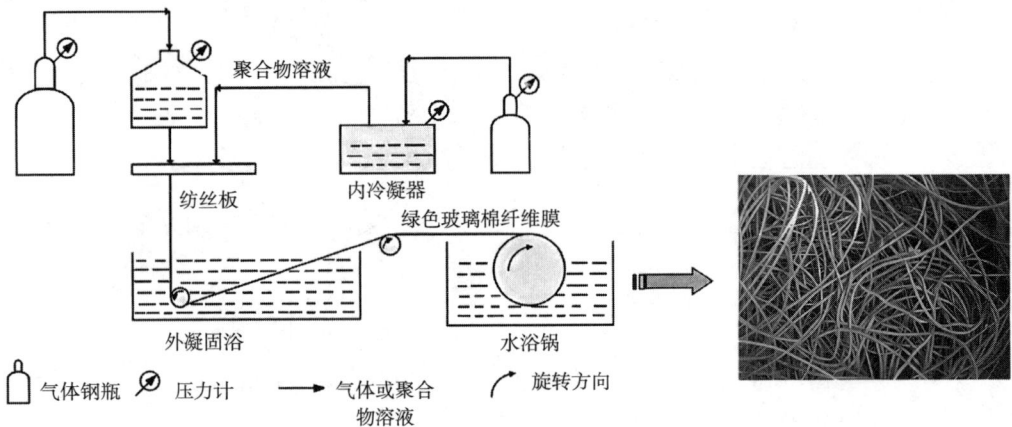

图 3-21　干湿法纺丝工艺示意图

(一)非溶剂致相分离法的原理

非溶剂致相分离法是制造分离层与疏松多孔层同时形成的、具有不对称孔结构的高聚物分离膜的重要方法。具体过程是将含有聚合物和溶剂(相对于聚合物)的铸膜液通过纺丝机纺成中空纤维初生膜,而后浸入含有非溶剂(相对于聚合物)的凝固浴中,随着溶剂和非溶剂之间的扩散,发生铸膜液的液—液相分离,当溶剂外扩散速率大于非溶剂内扩散速率,相界面上聚合物浓度提高,表面形成高浓度聚合物分离层。分离层的形成使溶剂外扩散速率下降,使膜液内聚合物浓度降低,形成疏松多孔层,最后扩散完成后得到表皮层致密、底层多孔的不对称膜(图 3-22)。

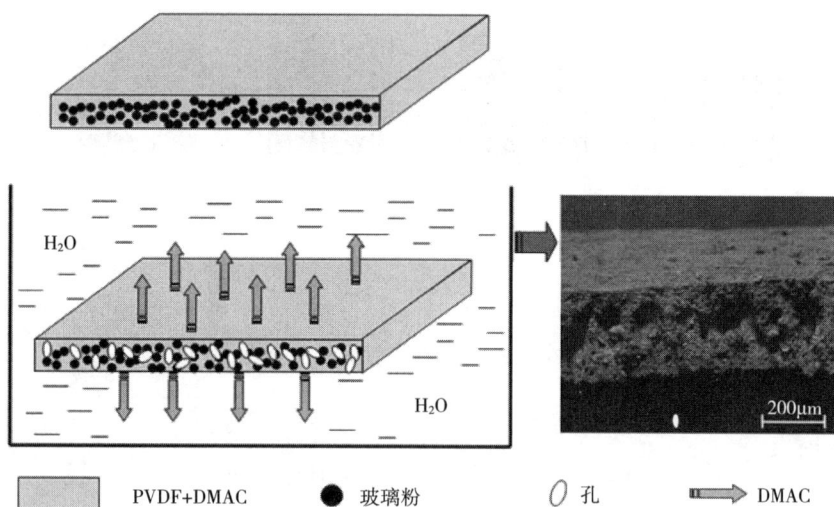

图 3-22　非溶剂致相分离法原理示意图

(二) 膜的热处理工艺原理

(1) 低温阶段。进入烧成炉的坯体一般已经过干燥,但仍含有一定数量的残余水分(约2%以下)。本阶段的主要作用是排除坯体内的残余水分,其温度一般在300℃以下。

随着水分的排出,组成坯体的固体颗粒逐步靠拢,因而发生少量的收缩,但这一收缩并不能完全填补水分遗留的空间,表现为疏松多孔,强度降低。

(2) 中温阶段。中温阶段又称分解与氧化阶段,是烧成过程的关键阶段之一。此时有机物、盐类等大都要在此阶段发生氧化与分解,此外还伴随晶型变化、结构水排除和一些物理化学变化。

(3) 高温及保温阶段。高温阶段是烧成过程中温度最高的阶段。在本阶段坯体内的粉体颗粒将相互靠近,随着温度升高,颗粒发生相互的融合直至融化为一体。

为使膜内部的物化反应进行更加完全,促使坯体的组织结构趋于均一,尽量减少由于温差而引起的性质不均,在升温的最后阶段要进行高温保温。

(4) 冷却阶段。冷却阶段可细分为从最高烧成温度到850℃的急冷阶段、从850~400℃的缓冷阶段以及从400℃到室温的快冷阶段。

(三) 膜气孔率测试的原理

气孔率是表征材料致密程度的参数,随着气孔率的减小,体积密度逐渐增加。

气孔率指材料中气孔体积与材料总体积之比。材料中的气孔有封闭气孔和开口气孔(与大气相通的气孔)两种,因此气孔率含封闭气孔率、开口气孔率和真气孔率之分。封闭气孔率指材料中的所有封闭气孔体积与材料总体积之比。开口气孔率(也称显气孔率)指材料中的所有开口气孔体积与材料总体积之比。真气孔率(也称总气孔率)则指材料中的封闭气孔体积和开口气孔体积与材料总体积之比。图 3-23 为封闭气孔、开口气孔和真气孔示意图。表 3-20 为不同热处理过程中膜内部发生的物理和化学变化。

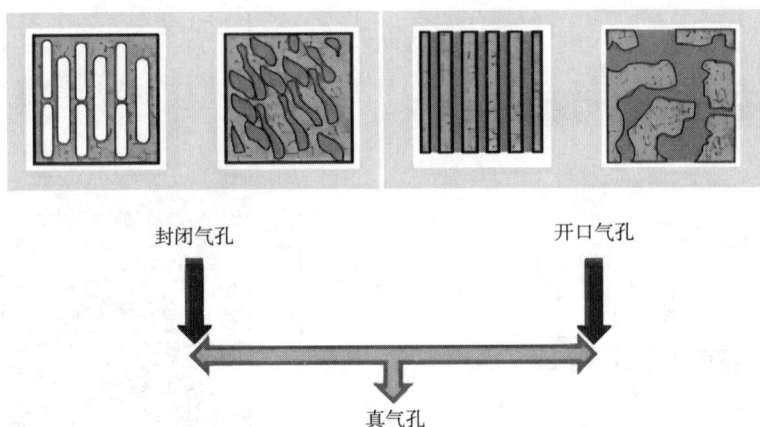

图 3-23　封闭气孔、开口气孔和真气孔示意图

表 3-20　不同热处理过程中膜内部发生的物理和化学变化

阶段名称	温度范围	主要变化	
		物理变化	化学变化
低温阶段	室温约300℃	1. 排除机械水、吸附水 2. 质量减小、气孔率增大	—
氧化分解阶段	300~600℃	1. 质量急速减小 2. 气孔率进一步增大	1. 氧化反应:有机物氧化 2. 分解反应:结晶水分解排除 3. 晶型转变:玻璃开始结晶
高温阶段	600℃~最高 烧成温度	1. 强度增加 2. 气孔率降低至最小值 3. 体积收缩、密度增大	1. 继续氧化、分解 2. 颗粒靠近、发生熔融 3. 形成新结晶相
保温阶段	烧成温度下 维持一段时间	结构更为均匀致密	1. 液相量增多 2. 晶体增多长大 3. 固、液相分布更为均匀
冷却阶段	从烧成温度至室温	结构继续变得均匀致密	液相变为固相,晶体不再长大

三、实验原料和设备

(一)原料

工业级聚偏氟乙烯 PVDF、N,N-二甲基乙酰胺 DMAc、球磨后玻璃粉。

(二)设备

机械搅拌器、三口烧瓶、水浴锅、干湿法纺丝机、烘箱、马弗炉、密度天平。

四、实验步骤

(一)配制铸膜液

量取一定量的二甲基乙酰胺 DMAc,按比例称取一定量的聚偏氟乙烯 PVDF。先将 DMAc

倒入三口烧瓶中,边机械搅拌边缓慢加入 PVDF,完全加入后,继续机械搅拌直至 PVDF 完全溶解,溶液完全透明,继续搅拌 2h。此过程中可适当加热(60~80℃)以促进 PVDF 的溶解。

按比例称量球磨后的玻璃微粉,随后将玻璃微粉边搅拌边加入上述聚合物溶液中,加入完全后继续搅拌 2h,接着静置 3h 脱泡,得到铸膜液。

(二)玻璃膜原丝的制备

打开纺丝机电源开关,打开凝固浴、卷绕装置开关将其预先加热。

将氮气瓶、纺丝釜、管件、喷丝头连好,将铸膜液倒入纺丝釜中,放好密封圈,旋紧压盖。

开启氮气瓶阀门,开启芯液罐阀门给喷丝头通芯液;开启纺丝釜阀门,管状铸膜液细流开始进入凝固浴,并依次到达二次凝固浴、卷绕机。开始纺丝。

纺丝结束后,关闭卷绕机,关闭加热系统,关闭纺丝机总电源,切割初生中空纤维膜成束。

初生中空纤维膜在纯水中浸泡 24h 以上,中间至少换水两次,以便浸出添加的溶剂二甲基乙酰胺。丝束经控干至不滴水后晾干待用。

(三)膜的热处理

将得到的中空纤维膜原丝放入烘箱,在 40℃ 下干燥,随后再将膜放进烧结炉中在 650~800℃ 煅烧,升温速率分别为 3℃/min(室温至 300℃)和 5℃/min(300℃至最高温度),保温时间为 0.5h。待炉温降至室温后,得到玻璃中空纤维膜。

(四)膜气孔率的测试

将干燥过的玻璃膜在天平上称取重量 a_1。然后将膜在水中煮沸 3~4h,接着在冷水中保持 1~2h,使膜的孔被水充分饱和,用滤纸轻轻擦干表面水分,立即称取在空气中的重量 a_2。将膜样品置于水中,称量膜被水饱和后并沉浸在水中的重量 a_3,又叫悬浮重。称完后,按下式计算气孔率。a_1、a_2 和 a_3 均应准确至 0.001g。

$$气孔率 = \frac{a_2 - a_1}{a_2 - a_3} \times 100\% \tag{3-18}$$

五、实验记录(表 3-21)

表 3-21 实验记录表

记录人员		同组学生			
1. 铸膜液配制各组分用量					
PVDF(g)		DMAc(g)		玻璃粉(g)	
2. 干湿法纺丝工艺参数					
纺丝釜内压力 (MPa)		芯液罐压力(MPa)		转子流量计示数 (mL/min)	
卷绕速度 (r/min)		凝固浴温度(℃)		绕丝水槽温度(℃)	

3. 热处理过程参数

干燥温度(℃)		干燥时间(h)			第一阶段升温速率 (℃/min)	
第一阶段温度(℃)		第二阶段升温速率 (℃/min)			最终温度(℃)	
保温时间(h)						

4. 气孔率测试数据记录

干重 a_1(g)		湿重 a_2(g)		悬浮重 a_3(g)	
气孔率(%)					

六、思考题

1. 煅烧温度的选择对膜气孔率有哪些影响？
2. 有机膜和无机膜在配制铸膜液时有哪些区别？
3. 为什么无机膜纺丝时不能用计量泵？
4. 和有机膜相比，无机膜喷丝板的直径应大些，为什么？

第十节　无机导电炭膜制备

一、实验目的

1. 掌握无机膜材料膜制备的方法和基本原理。
2. 掌握粉体干压成型法制备导电炭膜的工艺过程。
3. 了解粉体干压成型法制备无机膜结构调控的方法。

二、实验原理

炭化早期阶段，原膜之所以能有良好的机械强度，是因为CMC(羧甲基纤维素)遇水后产生黏结性所致，其能很好地将活性炭颗粒黏结在一起。由于CMC的热稳定性较差，当炭化温度升至300℃左右，CMC黏结作用消失。温度继续升高时，煤沥青黏结剂发生热分解缩聚反应而形成黏结焦(沥青焦)，其在物料颗粒间形成黏结焦网络，把所有不同粒度的活性炭颗粒牢固地结合在一起，使膜材料具有一定的强度和理化性能。

物料配比及制备工艺参数(物料粒度、成型压力、保压时间、炭化终温)对膜结构均有较大的影响。

三、实验原料和设备

（一）原料

煤质活性炭、中温煤沥青、羧甲基纤维素、去离子水、邻苯二甲酸二丁酯，环氧树脂，刚果红染料，导线，不锈钢网。

（二）设备

天平；球磨机一台，球磨罐四个（聚四氟内衬）；直径3cm压片模具一套，压片机一台；氮气保护高温炉一台；有机玻璃膜组件；蠕动泵；直流稳压电源。

四、实验步骤

（一）准备工作

根据膜的结构计算膜材料用量，准备原料、添加剂，准备仪器设备。

（二）膜制备过程

（1）分别称取活性炭、煤质沥青、羧甲基纤维素于球磨罐中，而后加入适量的球磨子。

（2）将球磨罐密封置于行星球磨机中球磨，球磨时间为480min。

（3）然后将混合好的混料取出，置于烧杯中备用，滴加适量的去离子水，使混料混合均匀。

（4）接着将混合好的混料填装至磨模具中，刮平表面粉末，压实粉末，经手动液压机分别以60MPa、90MPa、120MPa、150MPa的压力压制成型，保持压力10min，制备原膜膜片。

（5）将膜片放于管式电炉内，先通氮气30min，保证管式炉内都置换为氮气，在氮气保护下以1℃/min的速率升温至100℃保温60min，再以3℃/min的速率升温至1000℃，保温150min，自然降温，至室温取出样品，待用（图3-24）。

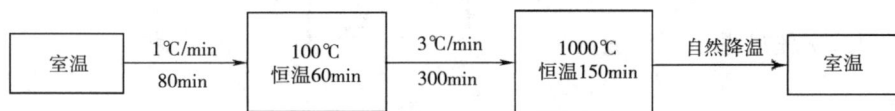

图3-24 炭膜制备升温程序图

五、思考题

1. 炭膜制备管式炉程序升温目的是什么？
2. 影响膜结构的主要因素有哪些？

第十一节　无机炭膜组件的封装与染料废水处理

一、实验目的

1. 掌握简易的实验室无机膜组件封装的操作技术。
2. 掌握无机膜通量的测试方法。
3. 掌握电催化膜处理染料废水原理。

二、实验原理

电催化膜封成膜组件后,进行膜的通量测试。进料液从膜的一侧进入从另一侧透过膜,根据公式(3-1)计算膜的纯水通量。以电催化膜为阳极,辅助电极为阴极,经导线与直流稳压电源相连接,蠕动泵提高分离动力,构建电催化膜反应器;配置 $5×10^{-5}$ 染料模拟溶液,添加 15g/L Na_2SO_4 作为电解质,对染料废水进行处理。

三、实验原料和设备

(一)原料

(1)组装膜组件所需材料:无机炭膜、有机玻璃组件、尼龙管、一次性纸杯、"哥俩好"胶、膜组件封装专用树脂、导线、无锈钢网、塑料螺丝、O形密封圈。

(2)测试水通量所需材料:纯水、量筒、塑料量杯。

(二)设备

防震压力表、不锈钢球形阀门、输液泵、三通、变径、PU 管。

四、实验装置与流程

电催化膜反应器的实验装置示意图如图 3-25 所示。

五、实验步骤

(一)无机炭膜的预处理与形貌观察

取一块炭膜在光学显微镜下观察表面,断面,利用共聚焦显微镜观察表面粗糙度。

(二)膜组件的封装

取一块炭膜,将其嵌入有机玻璃组件内部,连接导线,四周用"哥俩好"胶密封,同样封闭好对电极,用四氟螺丝紧固

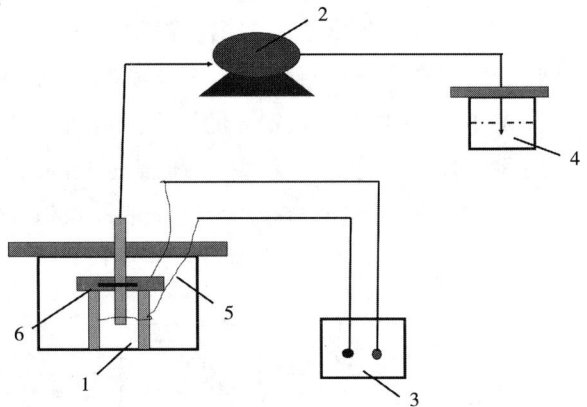

图 3-25 电催化膜反应器的实验装置示意图
1—料液槽 2—蠕动泵 3—直流电源
4—渗过液槽 5—辅助电极 6—电催化膜反应器

正负极,通过导线与直流稳压电源相连,构建电催化膜组件。

(三)水通量的测试

膜水通量的测定。将连接好的组件浸渍于纯水中,连接装置,开启泵和阀门,控制压力0.1MPa,出水用量筒收集,规定时间内容计算出水体积,利用公式计算出纯水通量。

(四)实验报告内容

(1)炭膜制备过程及参数(配料情况、压制压力、焙烧制度)。

(2)膜组件的封装过程。

(3)测试膜通量的实验过程。

(4)电催化膜组件对染料废水的去除率计算。

六、思考题

1. 炭膜制备管式炉程序升温目的是什么？
2. 影响膜结构的主要因素有哪些？
3. 膜组件封装过程中需要注意哪些问题？
4. 电催化膜反应器去除染料废水中有机物的原理是什么？

第十二节　高含水量过滤膜的制备与性能研究

一、实验目的

1. 掌握过滤膜材料的分类及特点，膜分离原理。
2. 了解膜污染的形成原因及降低膜污染的方法，了解高含水量膜的特点。
3. 掌握平板膜制备及截留测试方法，学会处理数据并对结果进行初步分析。

二、实验原理

(一)膜分离的原理和优点

膜分离技术是指在分子水平上不同粒径分子的混合物在通过半透膜时，实现选择性分离的技术，根据孔径大小可以分为：微滤膜(MF)、超滤膜(UF)、纳滤膜(NF)、反渗透膜(RO)等。膜分离技术由于兼有分离、浓缩、纯化和精制的功能，又有高效、节能、环保、分子级过滤及过滤过程简单、易于控制等特征，因此，膜分离成为当今分离科学中最重要的手段之一。膜分离法的优点有：没有相变化；一般在常温下进行；对无机物、有机物及生物制品均适用；装置简单、操作容易，效率较高。

(二)膜分离材料概述

分离膜主要分为无机膜和有机高分子膜。常用无机膜有金属膜、陶瓷膜、沸石膜和玻璃膜以及无机复合膜。无机膜化学稳定性好，机械强度高，耐高温，耐化学和生物侵蚀，孔径分布窄，分离效率高，使用寿命长，并且易于清洗且清洗效果好，因此在条件苛刻的膜分离过程中有着广阔的应用前景。但是无机膜选择性较差，膜材质的脆性、高的设备投资成本、低的加工集成和单位装填密度小等限制了它的大规模应用。而有机膜存在机械强度差，不耐有机溶剂和抗化学腐蚀性差，化学稳定性不好，不耐高温，易堵塞，不易清洗等缺点。表3-22是已经成功应用于膜分离领域的有机膜材料。

表 3-22　常用的高分子膜材料

材料类别	主要聚合物
纤维素类	纤维素，醋酸丙酸纤维素，再生纤维素，硝酸纤维素
聚酰胺类	芳香聚酰胺类，尼龙，芳香聚酰胺酰肼，聚苯砜对苯二甲酰
聚砜类	聚砜，聚醚砜，磺化聚砜，聚砜酰胺

续表

材料类别	主要聚合物
聚烯烃类	聚乙烯,聚丙烯,聚丙烯腈,聚四甲基戊烯
芳香杂环类	聚苯并咪唑,聚苯并咪唑酮,聚酰亚胺
聚橡胶类	聚二甲基硅氧烷,聚三甲基硅氧丙炔
含氟高分子	聚偏氟乙烯,聚四氟乙烯
其他	聚碳酸酯,聚电解质络合物,聚乙烯醇,海藻酸盐等

(三) 膜污染及膜清洗和预防

膜污染是指在膜过滤过程中,水中的微粒、胶体粒子或溶质大分子,与膜存在物理化学相互作用或机械作用而引起的在膜表面或膜孔内吸附、沉积造成膜孔径变小或堵塞,使膜产生透过流量与分离特性的不可逆变化现象。控制膜污染影响因素,可以大大减少膜污染,延长膜的有效操作时间,减少清洗频率,提高生产能力和效率。可采用以下措施减轻膜在使用过程中的污染:在膜过滤前,对料液进行预处理,去除一些较大的粒子;改变膜材料或膜的表面性质;改善膜组件及膜系统的结构等。虽然采用以上方法可以减少膜污染,但是无法从根本上避免膜污染。污染后的膜透液通量下降,过滤效果恶化,寿命缩短,清洗难度大,严重影响了膜的工作效率和经济效益。因此,控制膜污染成为目前的研究重点。

(四) 膜的亲水改性

聚合物材料的亲疏水性决定了膜在应用过程中的抗污染程度和渗透通量的大小,一般情况下,膜的亲水性越好,渗透通量和抗污染性能越好。亲水性膜表面与水分子存在氢键作用,膜的表面形成一层水膜,因此蛋白质等污染物被水分子保护膜隔离,膜表面不易被污染。疏水膜表面与水分子难以形成氢键作用,所以当聚合物分离膜与污染物分子接触时,由于疏水相互作用,污染物分子极易吸附到膜表面堵塞膜孔,导致渗透通量大幅降低。

减轻膜污染的一个有效方法是改善膜的表面性质,如膜表面的荷电化或疏水性膜的亲水化等。共混改性是一种在现有的膜材料基础上取长补短地改善膜性能的简便方法。通过与亲水性高分子共混,将亲水组分引入铸膜液体系中,从而使膜性能得到改善。共混膜不仅可以维持原有的截留率不变,而且纯水通量、抗污染性和耐菌性都达到大幅提升。表面接枝改性是另一类能有效改善聚合物膜表面性质的方法,可通过等离子体、光、辐照、电子束等引发手段在膜表面形成活性位点,该活性位点再进一步引发其他功能单体在膜表面接枝聚合,赋予聚合物膜表面以接枝聚合物链的性质。表面接枝改性的特点是改性仅发生在膜表面层的几个纳米之内,在赋予膜表面以接枝聚合物链的性质的同时,不影响材料本体的性质。但是表面接枝改性难以得到均匀的改性膜。

(五) 丝肮接枝聚丙烯腈(SF-g-PAN)高含水量过滤膜

高分子膜材料几乎全部来源于不可再生的石化资源,能源消耗和 CO_2 排放大,传统制膜过程用到大量难回收的有机溶剂和致孔剂,造成环境污染,膜孔径分布较宽,膜易被污染。王晓辉、赵孔银等基于仿生学的思想,以氯化锌水溶液为溶剂,制备了一种窄孔径分布 pH 响应性仿生过滤膜。首先通过废旧蚕丝均相接枝聚丙烯腈得到铸膜液,然后将其放入水的凝固浴中,锌离子和氯离子逐渐扩散到水中,蚕丝蛋白和聚丙烯腈发生相转变成膜。锌离子和氯离子起到致孔的作用,而蚕丝蛋白和聚丙烯腈发生微相分离,在其界面也形成离子致孔的水通道,因此得到的膜孔径分布窄,亲水性好。由于蛋白质具有酸碱电离性,因此得到的蚕丝接枝聚丙烯腈(SF-g-PAN)过滤膜具有 pH 响应性。SF-g-PAN 过滤膜制备工艺简单,用时少,成本低,节能环保。图 3-26 为 SF-g-PAN 过滤膜的设计思路、制备及过滤机理图(该作品获得 2016 年度全国大学生节能减排竞赛三等奖)。膜过滤条件:操作压力 0.1MPa,温度 25℃,染料浓度 30mg/L,牛血清蛋白(BSA)0.5g/L。该作品创新点是仿生设计,废物利用;制膜简单,节能环保;膜孔分布窄;膜抗污染,亲水疏油。

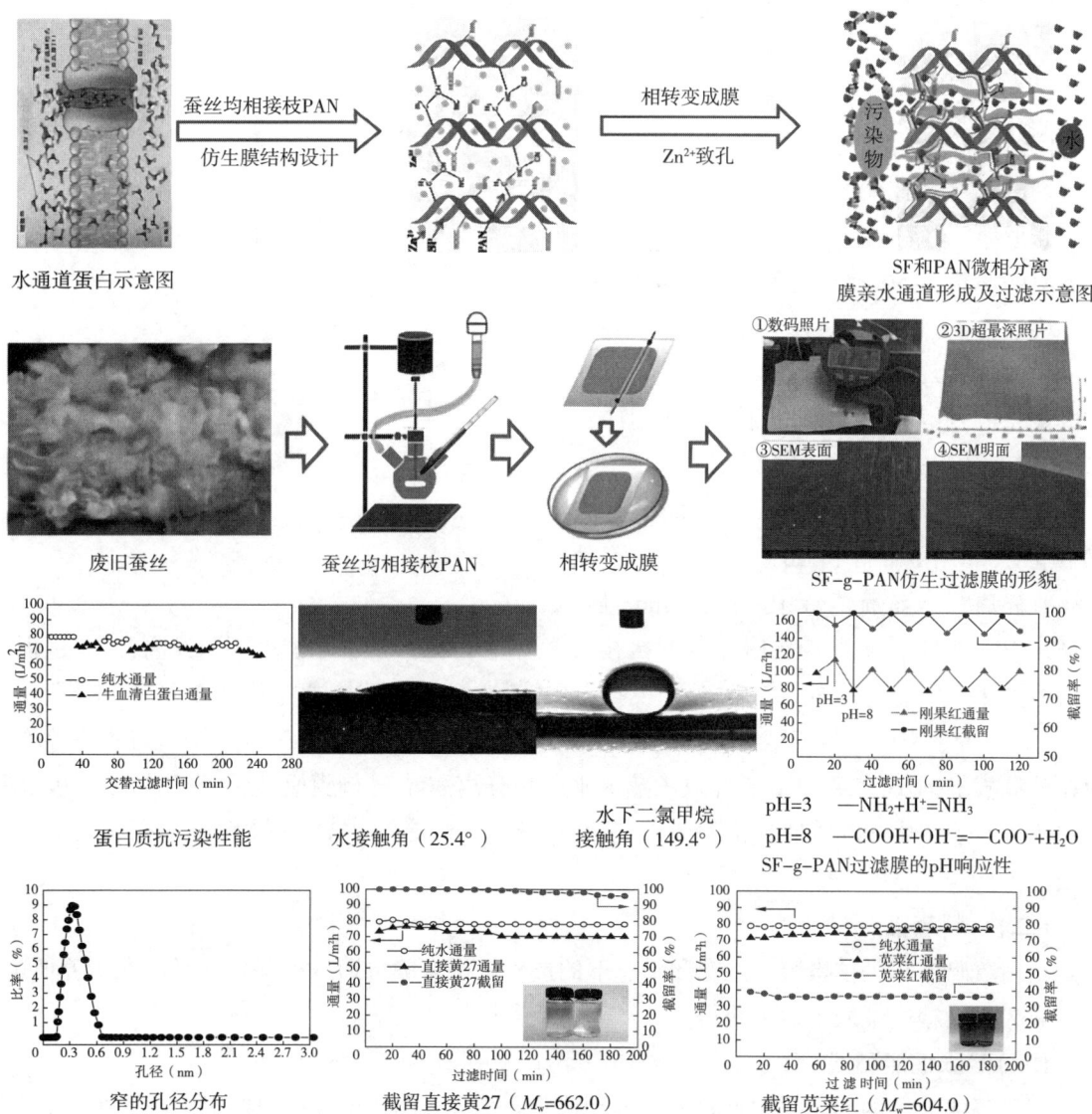

图 3-26　SF-g-PAN 仿生过滤膜的设计思路、制备表征及过滤机理图

三、实验仪器及药品

(一)仪器

精密分析天平、小烧杯、玻璃棒、培养皿、磁力搅拌器、镊子、超声清洗器、膜通量测试装置、紫外分光光度计、拉力测试仪、数显千分测厚规等。

(二)实验药品

丙烯腈(AN)、氯化锌($ZnCl_2$)、丝朊(SF)、亚硫酸氢钠($NaHSO_3$)、过硫酸铵$[(NH_4)_2S_2O_8]$、牛血清蛋白(BSA)、考马斯亮蓝(Brilliant blue G250)、刚果红(Congo red)、直接黄 27(Direct yellow 27)、苋菜红、聚乙二醇-400(PEG-400)、去离子水。

四、实验内容

(一)丝朊接枝聚丙烯腈(SF-g-PAN)过滤膜的制备

(1)丝朊氯化锌溶液的配制。用 150mL 烧杯称 78.3g 氯化锌,加入 52.2g 蒸馏水,用玻璃棒搅拌使氯化锌完全溶解。称取 3.5g 丝朊放入已配制好的 60%氯化锌溶液中,用玻璃棒不断搅拌,溶解时用恒温水浴锅加热,恒温水浴温度控制在 50~55℃,使丝朊全部溶解,没有块状为止,然后过滤掉其中的杂质,将溶解好的丝朊倒入安装完毕的聚合反应装置的三口烧瓶中,打开搅拌器进行搅拌,并用冷水降温,温度降至 30℃以下(图 3-27)。

(2)丝朊接枝聚丙烯腈。在不断搅拌状态下将 10mL 丙烯腈和 10%过硫酸铵溶液 0.8mL 先后加入丝朊溶液中。搅拌 3min 后,

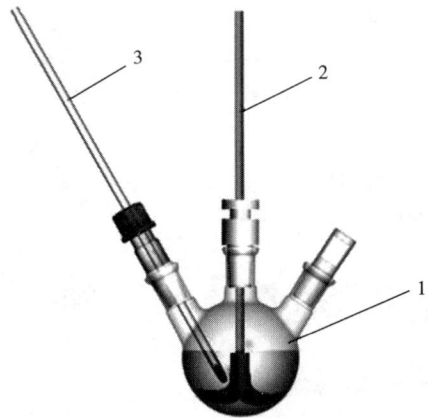

图 3-27 丝朊接枝聚丙烯腈聚合反应装置图
1—三口烧瓶 2—搅拌器 3—温度计

再加入 10%亚硫酸氢钠溶液 1mL,这时接枝共聚反应开始,反应体系温度不断升高,反应过程不用水浴加热。匀速搅拌 30min 后,停止搅拌,将制备液倒入烧杯中,真空脱泡 24h,得到铸膜液。

(3)取少量铸膜液倒于洁净干燥的玻璃板上,通过缠绕有直径 0.4mm 的铜丝将铸膜液均匀的在玻璃板上铺展,然后将其迅速放入蒸馏水中相分离 30min,待膜成型后,将膜从玻璃板上取下置于去离子水中 24h 洗脱残留的 $ZnCl_2$ 溶剂。最后,将 SF-g-PAN 过滤膜浸泡在蒸馏水中以备测试。

(二)材料表征

使用数码照相机拍摄膜在湿态和干态下的形貌。干态膜可通过把湿态膜平铺在培养皿中,然后放入干燥箱中干燥 12h 来获得。

(三)溶胀性能测试

把制备的含水的 SF-g-PAN 过滤膜刻制成直径 20mm 的小圆片(需要刻制 5 片)后,放置于质量分数为 0.9%的 NaCl 溶液中进行溶胀测试,在测试之前需要分别称量该 5 片膜的质量。测

试时记录开始时间,每隔20min取出小圆片,用滤纸吸干表面水分并用天平称量小圆片质量,记录数据,至少测试6组数据。膜的溶胀率用SR表示,使用公式计算:

$$SR = 100\% \times (W_S - W_0)/W_0 \tag{3-19}$$

式中:W_0——表示初始时膜的重量;

W_S——不同溶胀时间膜的重量。

(四)膜的力学性能测试

将SF-g-PAN过滤膜分成两组,均切成长为20mm宽为5mm的细条,一组在湿态下用测量力学性能,一组干燥后测量力学性能。应变λ的计算公式为:

$$\lambda = 100\% \times (L - L_0)/L_0 \tag{3-20}$$

式中:L_0、L——膜拉伸前后的长度。

将膜分别剪成10个5mm宽,15mm长的样条,样品用于单纤拉伸实验。在进行拉伸实验前,先用数显测厚规测量并记录膜厚度,然后设置好拉伸测试参数,参数见表3-23。

表3-23 单纤拉伸测试参数

项目	参数	项目	参数
速度	5mm/min	线密度	1dtex
隔距	10mm	断裂门限	10%

(五)膜的过滤截留性能测试

图3-28为用于过滤膜的自制过滤系统设计图。

用自制膜过滤装置对SF-g-PAN过滤膜的过滤性能进行评价。膜池有效面积为19.63cm²($\Phi=5$cm)。通过TU-1901型紫外分光光度计来测量过滤前后过滤液和渗透液的浓度,并以此计算截留率。每组记录数据前,先用纯水在0.1MPa下预压半小时。所有的测试均在(25 ± 1)℃的条件下进行。

截留率(R)根据公式来进行计算:

$$R = (1 - C_p/C_f) \times 100\% \tag{3-21}$$

式中:C_p,C_f——透过液和过滤液中的BSA(染料)浓度。

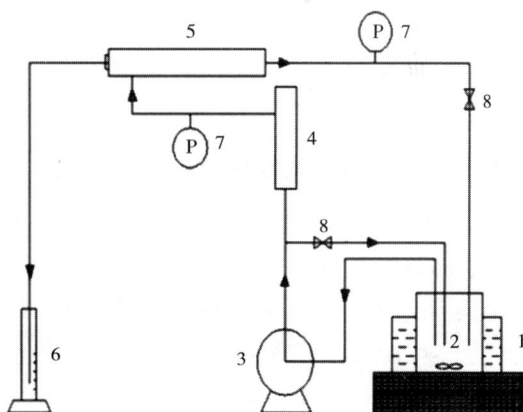

图3-28 膜过滤性能测试系统
1—恒温水浴 2—母液池 3—水泵 4—流量计
5—膜池 6—量筒 7—压力表 8—水阀

溶液的通量(J, L/m²h)由公式来进行计算:

$$J = V/(A \cdot t) \tag{3-22}$$

式中:V——过滤体积,L;

A——膜的有效面积,m^2;

t——过滤时间,h。

1. 染料截留测试

配制 3 种不同分子量染料,分别为考马斯亮蓝(分子量 854)、刚果红(分子量 696)、直接黄 27(分子量 662),浓度均为 3×10^{-5}。每种染料测试前,先用纯水在 0.1MPa 下预压 30min,然后通入染料溶液进行试验,用秒表计时,所有的测试均在 (25 ± 1)℃的条件下进行。通过 TU-1901 型紫外分光光度计来测试母液和透过液中染料液的浓度,分析过滤膜对于不同分子量染料的通量和截留率。

2. 抗污染性能测试

配制 0.5g/L BSA 水溶液进行过滤,测试前先用纯水在 0.1MPa 下预压 0.5h,然后通入 BSA 水溶液进行试验,秒表计时,所有的测试均在 (25 ± 1)℃的条件下进行。母液和透过液中 BSA 的浓度由 TU-1901 型紫外分光光度计来检测。

(六)含水量测试

取一定量的 SF-g-PAN 过滤膜,用滤纸吸干膜表面的水分并用天平称量质量,记为 m_1;然后把膜平铺在培养皿中,放入干燥箱中干燥 12h 来获得干态膜,干态膜质量记为 m_0,含水量 C 通过公式来进行计算:

$$C = \frac{m_1 - m_0}{m_0} \times 100\% \qquad (3-23)$$

五、实验记录和结果处理

(1)过滤膜的干态和湿态数码照片。

(2)膜的含水量。

(3)溶胀性能测试。

(4)力学性能测试。

①湿态下过滤膜的拉伸性能。

②干态下过滤膜的拉伸性能。

(5)膜的过滤截留性能。

①过滤膜对考马斯亮蓝、刚果红、直接黄 27 溶液通量和截留率。

②过滤膜对牛血清蛋白(BSA)的抗污染性能。

(6)本组数据汇总和分析。

六、思考题

1. 试分析上述两种过滤膜在成膜机理上的异同。

2. 简述实验体会与建议。

参考文献

[1]安树林.膜科学技术实用教程[M].北京:化学工业出版社,2005.

[2]沈新元．高分子材料加工原理[M]．北京：中国纺织出版社，2000．

[3]计根良．热致相分离法制备PVDF微孔膜的结构控制与性能研究[D]．杭州：浙江大学，2008．

[4]李旭祥．分离膜制备与应用[M]．北京：化学工业出版社，2004．

[5]徐又一，徐志康，等．高分子膜材料[M]．北京：化学工业出版社，2005．

[6]恩里克·德里奥利．膜接触器和集成膜操作[M]．北京：科学出版社，2012．

[7]李旭祥．分离膜制备与应用[M]．北京：化学工业出版社，2004．

[8]刘茉娥．膜分离技术[M]．北京：化学工业出版社，2000．

[9]刘乾亮．膜蒸馏工艺处理高浓度氨氮废水的研究[D]．哈尔滨：哈尔滨工业大学，2012．

[10]刘捷．聚偏氟乙烯成膜强度及减压膜蒸馏机理研究[D]．天津：天津工业大学，2013．

[11]WENYING S，BENQIAO H，YUPING C，et al. Continuous esterification to produce biodiesel by SPES/PES/NWF composite catalytic membrane in flow-through membrane reactor：Experimental and kinetic studies[J]. Bioresource Technology，2013，129：100-107．

[12]WENYING S，JIANXIN L，BENQIAO H，et al. Biodiesel production from waste chicken fat with low free fatty acids by an integrated catalytic process of composite membrane and sodium methoxide[J]. Bioresource Technology，2013，139：316-322．

[13]BENQIAO H，YANBIAO R，YU C，et al. Deactivation and in Situ Regeneration of Anion Exchange Resin in the Continuous Transesterification for Biodiesel Production[J]. Energy Fuels，2012，26：3897-3902．

[14]MARCEL M．膜技术基本原理[M]．李琳，译．北京：清华大学出版社，1999．

[15]陈勇，等．气体分离膜技术及应用[M]．北京：科学出版社，2004．

[16]QIANG X. Nanoporous materials[J]. Synthesis and Applications，2013．

[17]JONAH E，MICHAELL J，ALAIN K，et al. Evolution of nanoporosity in dealloying[J]. Nature，410：450-453．

[18]高以烜．膜分离技术基础[M]．北京：科学出版社，1989．

[19]YANBIAO R，BENQIAO H，FENGe Y，et al. Continuous biodiesel production in a fixed bed reactor packed with anion-exchange resin as heterogeneous catalyst[J]. Bioresource Technology，2012，113：19-22．

[20]王子铱．应用于膜蒸馏过程的PVDF中空纤维膜的制备及超疏水改性[D]．天津：天津大学，2015．

[21]刘捷．聚偏氟乙烯成膜强度及减压膜蒸馏机理研究[D]．天津：天津工业大学，2013．

[22]王许云．PVDF疏水膜制备及膜蒸馏集成技术研究[D]．杭州：浙江大学，2008．

第四章　复合材料综合实验

第一节　碳纤维手机壳制备工艺与性能测试

一、实验目的

1. 掌握碳纤维手机壳模压成型工艺的几个重要参数的计算方法。
2. 对碳纤维手机壳的制备工艺的实验研究与讨论。
3. 实操碳纤维手机壳模压成型制备流程。

二、实验原理

模压成型又称压制成型,这种方法是将粉料、粒料、碎屑或纤维预浸料等置于阴模型腔内,合上阳模,借助压力和热量作用,使物料熔化充满型腔,形成与型腔相同额制品。再经过加热使其固化,冷却后脱模,便制得模压制品。

本实验通过学生实际操作,手工模压制备碳纤维手机壳,使学生从实际出发,了解模压成型的基本工艺,同时掌握模压成型基本参数的计算方法,同时掌握复合材料碳纤维手机壳的冲击性能测试原理及测试方法。

三、实验仪器和设备

碳纤维手机壳模压成型模具、天平、吹风机、高温鼓风烘箱、内六角扳手、剪刀、钢尺、记号笔、锤子、一字螺丝刀。

四、实验步骤

(一)压制前的准备

1. 装料量的计算与裁剪

在模压成型工艺中,对于不同尺寸的模压制品要进行装料量的估算,以保证制品几何尺寸的精确,防止物料不足造成废品,或者物料损失过多而浪费材料。常用的估算方法有:

(1)形状、尺寸简单估算法,将复杂形状的制品简化成一系列简单的标准形状,进行装料量估算。

(2)密度比较法,对比模压制品及相应制品的密度,已知相应制品的重量,即可估算出模压制品的装料量。

(3)注型比较法,在模压制品模具中,用树脂、石蜡等注型材料注成产品,再按注型材料的密度、重量及制品的密度求出制品的装料量。

在本实验中,我们用形状、尺寸简单估算法进行铺层计算,利用阴阳模的尺寸差值与单层碳纤维预浸料的厚度计算铺层数。计算方法如下:

$$n = \frac{D_{阴模} - D_{阳膜}}{H_{料}} \qquad (4-1)$$

式中:n——表示计算铺层数;

$D_{阴模}$——表示阴模腔宽度,m;

$D_{阳模}$——表示阳型模宽度,m;

$H_{料}$——表示预浸料厚度,m。

根据计算好的铺层数将碳纤维预浸料进行裁剪,以备后期模压制备使用。

2. 脱模剂的涂刷

在模压成型工艺中,除使用内脱模剂外,还在模具型腔表面上涂刷外脱模剂,常用的有油酸、石蜡、硬脂酸、硬脂酸锌、有机硅油、硅脂和硅橡胶等。所涂刷的脱模剂在满足脱模要求的前提下,用量尽量少些,涂刷要均匀。一般情况下,酚醛型模压料多用有机油、油酸、硬脂酸等脱模剂,环氧或环氧酚醛型模压料多用硅脂和有机硅油脱模剂,聚酯型模压料多用硬脂酸锌、硅脂等脱模剂。在脱模剂的使用过程中,注意脱模剂使用说明,保证涂抹均匀(图4-1)。

图4-1 模压成型工艺

3. 预热

在压制前将模具加热,提高模具温度,方便碳纤维预浸料铺制。

(二)压制工艺

1. 装料和装模

将预热处理好的阳模放置于平整工作台上,铺好脱模纸,将裁减好的碳纤维预浸料,逐层铺于阳模上,在铺层过程中保证每层贴敷压紧没有气泡。为了保证每层碳纤维预浸料贴敷完整,在铺层过程中用吹风机对预浸料进行加热处理。铺层结束后,再铺设一层脱模纸,保证压制成型后,可以轻松脱模。

装模后,上下模闭合的过程称为合模。合模过程中保证模具有一定的温度,有利于模内气体的充分排除,减少气泡、砂眼等缺陷的产生。

将带料的阳模放入阴模型腔内,首先加压山下模,在加压过程中保证均匀加压,在加压到预设压力后,均匀加紧模具侧边。

2. 模压温度

制度模压温度制度主要包括装模温度、升温速率、成型温度和保温时间的选择。

(1)装模温度。装模温度是指将物料放入模腔时模具的温度,它主要取决于物料的品种和模压料的质量指标。一般地,模压料挥发分含量高,不溶性树脂含量低时,装模温度较低。反之,要适当提高装模温度。制品结构复杂及大型制品装模温度一般宜在室温–90℃范围内。

(2)升温速率。指由装模温度到最高压制温度的升温速率。对快速模压工艺,装模温度即为压制温度,不存在升温速率问题。而慢速模压工艺,应依据模压料树脂的类型、制品的厚度选择适当的升温速率。

(3)成型温度。树脂在固化过程中会放出或吸收一定的热量,根据放热量可判断树脂缩聚反应的程度,从而为确定成型温度提供依据。一般情况下,先确定一个比较大的温度范围,再通过工艺–性能试验选择合理的成型温度。成型温度与模压料的品种有很大关系。成型温度过高,树脂反应速度过快,物料流动性降低过快,常出现早期局部固化,无法充满模腔。温度过低,制品保温时间不足,则会出现固化不完全等缺陷。

(4)保温时间。指在成型压力和成型温度下保温的时间,其作用是使制品固化完全和消除内应力。保温时间的长短取决于模压料的品种、成型温度的高低和制品的结构尺寸和性能。

(5)降温。在慢速成型中,保温结束后要在一定压力下逐渐降温,模具温度降至60℃以下时,方可进行脱模操作。降温方式有自然冷却和强制降温两种。快速压制工艺可不采用降温操作,待保温结束后即可在成型温度下脱模,取出制品。

(三)制品后处理

制品后处理是指将已脱模的制品在较高温度下进一步加热固化一段时间,其目的是保证树脂的完全固化,提高制品尺寸稳定性和电性能,消除制品中的内应力,减少制品变形。有时也可根据实际情况,采用冷模方法,矫正产品变形,防止翘曲和收缩。

在模压制品定型出模后,为满足制品设计要求还应建立毛边打磨和辅助加工工序。毛边打磨是去除制品成型时在边缘部位的毛刺飞边,打磨时一定要注意方法和方向,否则,很有可能把与毛边相连的局部打磨掉。对于一些结构复杂的产品,往往还需进行机械加工来满足设计要求。模压制品对机械加工是很敏感的。如加工不当,很容易产生破裂、分层(图4-2)。

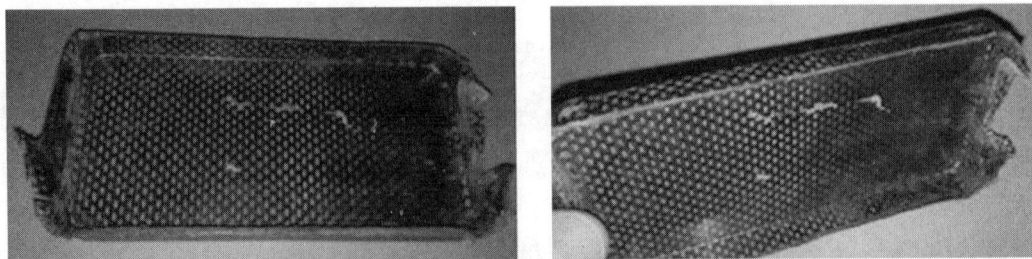

图4-2 模压制品

（四）冲击实验测试

1. 实验步骤

（1）按照标准制样,每组 5 个。

（2）测量试样中部、缺口宽度和厚度,准确至 0.05mm,测三点取平均值。

（3）选择摆锤,调整零点。

（4）放好试样,缺口面或未加工面背向摆锤,试样宽面紧贴支撑面。

（5）将摆锤放在锁钩上,把刻度表指针拨向最大数值处,平稳放开锁钩,读取所消耗的能量。

（6）凡试样不破裂或不破裂在中间 1/3 处,以及不破裂在缺口处时,试样作废,另行补做。

2. 计算

无缺口试样的冲击强度 a_n 和有缺口试样的冲击强度 a_K,分别按下式计算:

$$a_n = (A_n/bd) \times 10^3$$

$$a_K = (A_K/bd_K) \times 10^3 \tag{4-2}$$

式中：A_n——无缺口试样所消耗的能量,J；

$\quad A_K$——有缺口试样所消耗的能量,J；

$\quad b$——试样宽度,mm；

$\quad d$——无缺口试样厚度,mm；

$\quad d_K$——有缺口试样在缺口处的剩余厚度,mm。

五、思考题

1. 在模压成型制备产品中,从工艺角度阐述碳纤维预浸料成型过程主要有哪三个阶段？它们有什么作用？

2. 在成型过程中,模具的温度直接影响产品的成型,模具的温度控制应该如何操作？升温梯度如何修改？

第二节　复合材料桥梁设计、制备与性能测试

一、实验目的

1. 了解真空导入所用原材料及相关设备。

2. 掌握真空导入的机理模型及工艺影响因素。

3. 掌握真空导入制备复合材料夹芯板的步骤和注意事项。

二、实验原理

真空导入工艺,简称 VIP,在模具上铺增强材料(玻璃纤维,碳纤维,夹心材料等,有别于真

空袋工艺),然后铺真空袋,并抽出体系中的空气,在模具型腔中形成一个负压,利用真空产生的压力把不饱和树脂通过预铺的管路压入纤维层中,让树脂浸润增强材料最后充满整个模具,制品固化后,揭去真空袋材料,从模具上得到所需的制品。VIP 采用单面模具(就像通常的手糊和喷射模具)建立一个闭合系统。

三、实验仪器和设备

真空机、高温烘箱、碳纤维布、E51 环氧树脂、593 固化剂、夹心泡沫、导流管、脱模布、密封胶条、真空袋、导流网、定位喷胶、烧杯、玻璃棒、天平、砂纸、记号笔、平锉、圆锉、自喷漆、AB 胶。

四、实验设计

(一)外型设计

根据复合材料桥梁的基本结构以及受压要求设计基本外形。

(二)导入工艺设计

根据树脂特性初步判定真空导入的注胶时间,同时根据固化剂的用量判定最终产品的固化时间。

五、实验步骤

(一)样品结构及尺寸

1. 尺寸

大片 300mm×100mm(两片);小片 100mm×60mm(两片)。

2. 结构

泡沫夹芯板。大片泡沫厚度 20mm;小片泡沫厚度 5mm。

3. 装配结构

通过板状夹芯结构,组装成工字梁的桥梁结构。

(二)试验步骤

夹芯板基本结构→原料准备及含胶量计算→原料预贴敷→真空袋包覆→真空系统组装→真空系统检查→树脂胶液配制→分次真空导入树脂→密封管路及固化→脱模→表面处理(修补、表面抛光、喷漆)。

1. 泡沫夹芯板用碳纤维铺层及定位

(1)两片大片制作。将泡沫剪裁成 300mm×100mm 的长方形,将碳纤维剪裁成 350mm×530mm 的长条,之后将碳纤维沿着泡沫 300mm 长度方向缠绕到泡沫片上,每缠绕一面定型喷胶定位。

注意:包缠后将沿着泡沫片 300mm 长度方向两端的多余碳纤维布剪开缺口,包覆泡沫厚度面,注意包覆死角位置用喷剂粘接牢固。

(2)两片小片制作。将泡沫剪裁成 100mm×60mm 的长方形,将碳纤维布剪裁成 120mm×290mm 的长方形片,之后将碳纤维沿着泡沫片 100mm 长度方向缠绕到泡沫片上,每缠绕一面定型喷胶定位。

注意:包缠后将沿着泡沫片100mm长度方向两端的多余碳纤维布剪开缺口,包覆泡沫厚度面,注意包覆死角位置用喷剂粘接牢固。

2. 真空配件铺敷

将脱模布剪裁成试验合适的尺寸(完全盖住碳纤维布)铺设到碳纤维表面;将导流网剪裁成脱模布一样大小,铺设在脱模布表面。

注意:保证泡沫厚度面完全包覆脱模布和导流网。

根据以上导流网尺寸剪裁真空袋膜,真空袋膜保证导流网和脱模布不褶皱不搭接,而且真空袋膜外缘均留出5cm余量边缘粘贴密封胶条。

将真空袋膜沿着泡沫片的宽度方向对折使用。先将样品放入真空袋膜的合适位置,贴上密封胶条(贴敷密封胶条注意操作者将手洗净晾干,防止灰尘引起密封胶条漏气;贴敷密封胶条注意避免将脱模布和导流网边缘贴上),同时将进胶管和出胶管的埋设位置确定,并在管子相应位置铺设密封胶条。

注意:①进出胶管口需要剪裁导流网将管口包覆;②进出胶管口埋设位置要放在样品导流网附近,一般与样品导流网相衔接,但是要离开样品表面相应距离;③进出胶管至少为50cm长,以避免进胶速度过快;④进胶管出胶管密封胶条的贴敷方式。

(三)预抽真空

将以上备好的样品接入缓冲罐和真空泵(配合三组三通,达到四个样品同时接入),开启真空泵预先抽真空,观察真空袋膜边缘是否有漏气现象,至少真空度保证在-0.04MPa以上,若有真空度不足的问题,将四周边缘的密封胶条用力摁紧,最后将进胶口用纸胶带封住。

(四)配胶及真空导入

在保证缓冲罐真空度的条件下,配制E51树脂,根据纤维与树脂重量比为1∶1计算胶液总量,根据胶液总量分四次配制分次真空导入,配完的胶液需静置5min排除气泡。将配好的树脂接入进胶口,打开纸胶带,开始将树脂导入样品中。

真空导入过程注意观察真空袋膜是否有漏气部位,注意漏气部位会出现小气泡,若出现此问题应在漏气部位用少量E51封堵。

当真空导入过程中,树脂完全浸渍纤维之后,关闭浸胶口,保持抽真空状态5min后,将整个系统放入烘箱。

注意:E51环氧树脂加入固化剂后极为不稳定,长时间会引起爆聚,因此需要分次配胶,一旦发现塑料杯发热,立即将其扔掉。

(五)固化

将烘箱调至80℃,将四个样品片放入烘箱,固化3h,整个过程保证真空系统开启。

(六)脱模、打磨、精修

样品脱模后,用原子灰找平,砂纸加钢锉打磨,原子灰操作时间一般为20min,可在烘箱中保持30℃温度烘30min变硬即可。

(七)组装、胶接及喷漆

先用记号笔定位,之后用钢锯把表面碳纤维锯掉,之后采用手电钻加铣刀在大片上开槽,开槽后用水清洗之后放入烘箱干燥,将小片与大片用 AB 胶组装(先组装一面,保证两个小片与一个大片表面垂直,之后装入最后的大片样品)。AB 胶固化后,喷漆定装。

六、冲击实验测试

(一)实验步骤

(1)按照标准制样,每组 5 个。

(2)测量试样中部、缺口宽度和厚度,准确至 0.05mm,测三点取平均值。

(3)选择摆锤,调整零点。

(4)放好试样,缺口面或未加工面背向摆锤,试样宽面紧贴支撑面。

(5)将摆锤放在锁钩上,把刻度表指针拨向最大数值处,平稳放开锁钩,读取所消耗的能量。

(6)凡试样不破裂或不破裂在中间 1/3 处,以及不破裂在缺口处时,试样作废,另行补做。

(二)计算

无缺口试样的冲击强度 a_n 和有缺口试样的冲击强度 a_K,分别按下式计算:

$$a_n = (A_n/bd) \times 10^3$$

$$a_K = (A_K/bd_K) \times 10^3 \tag{4-3}$$

式中:A_n——无缺口试样所消耗的能量,J;

$\quad\ A_K$——有缺口试样所消耗的能量,J;

$\quad\ \ b$——试样宽度,mm;

$\quad\ \ d$——无缺口试样厚度,mm;

$\quad\ \ d_K$——有缺口试样在缺口处的剩余厚度,mm。

七、思考题

1. 定位喷胶预黏接需要注意哪些问题?

2. 真空袋贴敷及检漏采用什么方法? 进胶口及出胶口设置应注意什么?

3. 真空导入过程应该采用何种进胶工艺?

4. 简述表面处理采用的方式及步骤。

第三节　真空导入复合材料头盔的成型

一、实验目的和意义

1. 了解真空导入成型技术的应用。

2. 熟悉真空导入制品原材料种类。

3. 掌握真空导入成型工艺原理和操作流程。

二、真空导入成型工艺原理

（1）模具由柔性膜和刚性半模组成。

（2）真空作为驱动力,把树脂注入型腔内预制成形的增强材料中。

（3）在真空状态下树脂沿导流介质、树脂迅速达到产品的整个表面,然后通过厚度方向来实现浸渍,在室温或加热条件下制品固化的成型工艺。

三、真空导入制品特点

（1）力学性能高。与手糊构件相比,真空导入工艺成型的构件强度,刚度及其他的物理特性可提高 1.5 倍。

（2）重复性好。构件有相对恒定的树脂比,孔隙率低≤1%,手糊≤5%。

（3）质量轻。纤维含量高达 75%~80%,无须额外的材料来连接芯材。

（4）环保。真空导入工艺几乎是闭模成型过程,挥发性有机物和有毒空气污染物均被局限在真空袋中。

（5）成本低,效率高。纤维含量高,树脂浪费率低于 5%,比开模工艺可节约劳动力 50% 以上。在芯材加入的前后,无须等待树脂的固化。

四、实验内容

（一）实验设备与仪器

真空泵、模具、加热板、树脂收集器。

（二）实验材料

（1）环氧树脂（树脂的选择:树脂体系黏度一般 0.15~0.8Pa·s,具有合适的凝胶时间）。

（2）增强材料。玻璃纤维布、玻璃纤维毡。

（3）脱模剂。防止黏模。

（4）真空袋膜。是柔性模,属于模具的一部分。

（5）导流网。传导树脂、气泡。

（6）脱模布。防止真空袋粘在制品上。

（7）树脂进料管。连接树脂罐和注入口的塑料管,要求在承受一个大气压的情况下而不变形。

（8）抽气管。连接抽气口和树脂收集器及树脂收集器与真空泵的塑料管,能承受一个大气压而不变形。

（9）密封胶条。黏稠状,铺放于模具边框,以保证真空袋膜的密封性,脱模后,能将其及时清理掉。

（三）实验分组

实验分为六组,每组制作出一件真空导入制品,每组制品如下:

第一组:头盔1。

第二组:头盔2。

第三组:船体。

第四组:船甲板。

第五组:箱体。

第六组:箱盖。

（四）泡沫夹层机翼成型工艺过程

（1）涂脱模蜡。脱模剂至少涂 3 次,每次间隔 15min。

（2）铺放增强材料。玻璃纤维增强材的接头和重叠位置尺寸应符合工艺要求。在变形的地方,如果铺放不方便,可以用剪刀将增强材料进行裁剪,裁剪的地方应进行局部补强,如果层与层之间出现空隙,应压实。增强材料铺放好后,用剪刀剪去多余的纤维,并将裙边用黄色密封胶带反复滚擦,粘去裙边上的灰尘和细小纤维束。

（3）铺放脱模布。在铺放脱模布之前可以将大块的脱模布适当裁小,这样有利于脱模。脱模布要盖住整个增强材料,且在增强材料的边缘一般还多出 1cm 左右。脱模布与脱模布之间的搭接宽度在 1cm 即可,太宽既浪费材料,又影响浸润速度。脱模布一般用极少量的黑色密封胶带粘在增强材料上,而不用定位胶,这样既不会影响浸润效果,又能节约成本。

（4）铺放导流网。铺放导流网时,导流网的边缘离增强材料的边缘 3~5cm 远,即导流网的面积比增强材料的面积略微小一些,当树脂在浸润没有导流网的增强材料时,速度比有导流网的地方要慢得多,这样可以使树脂有充分的时间来浸润增强材料,还能减少树脂的浪费。导流网与导流网之间的搭接距离应尽可能小,但不应出现没有导流网的地方。导流网一般也用极少量的黑色密封胶带粘在脱模布上,而不用定位胶。

（5）铺放树脂导流管和抽真空管。按照预先设计好的流道在模腔中相应位置放置中空螺旋管作为树脂流道和抽真空管。在铺放中空螺旋管时,不应用力将螺旋管拉得过长,在抽真空时可能会将螺旋管压塌,而起不到流道和抽真空的作用。

（6）安放树脂注入口和抽气口。按预先的设计,在螺旋管上安放树脂注入口和抽气口,在制作形状规则的产品时,树脂注入口和抽气口一般放置在均分点的位置,如在一条螺旋管上放置两个抽气口时,抽气口一般放在三分之一和三分之二的点上。在安放树脂注入口和抽气口即三通时,可在三通接树脂进料管和抽气管的那头先缠上一圈黑色的密封胶带。为了避免三通移动,可用适量黑色密封胶带将三通粘在导流网上。

（7）接抽气管。将抽气口三通和树脂收集器接口用抽气管连接起来。在接口处再缠上一圈黑色密封胶带。

（8）真空袋膜的密封。

（9）抽气、整理袋膜和检漏。

（10）将树脂注入管。

（11）抽气检漏。

（12）注入树脂。注入树脂时一般按照先打开同一树脂流道上的注入口，由内向外注，当树脂流过另一排流道时，可将这一排的注入口打开，开始注入树脂，按照这样的方法注满整个膜腔。由于模具形状不规则，树脂很难同时到达模具的边缘，当一部分树脂先到达模具的边缘，进入抽气管后，可将这根抽气管用大力钳卡住。这样既不影响其他部位的充模效果，又可以减少树脂的浪费。

（13）真空加热固化。在树脂固化之前，可以用大力钳卡住大部分树脂进料管和抽气管，这样可以减少树脂的浪费。至于哪些树脂进料管和抽气管应该卡住，没有一定的要求。一般按照轮流的办法。

（14）清理烧杯及管路。当达到所需的保压效果时，就可以注入树脂。

（15）脱模。

（16）修边。先在制品上画基准线，用与制品基本呈直角的切割刀进行，并尽量切割平直。

五、思考题

真空导入成型工艺用到哪些原材料？各种原材料的作用是什么？

第四节　热塑性塑料配方设计实验

一、实验目的

1. 了解热塑性塑料配方设计的基本原则与原理。
2. 掌握热塑性塑料配方设计的操作过程。
3. 掌握热塑性塑料配方中树脂及各类助剂的特性、作用、参考用量以及使用注意事项。

二、实验原理

塑料品配方是按一定比例在树脂中混入各种助剂而形成的复合体系，从而赋予树脂某种特殊的性能。配方设计主要实现下面几方面的目的：

（1）改善树脂加工性能。有些树脂品种（如 PVC）加工性能很差，不加入适当的添加剂难于进行常规的加工。

（2）改善树脂的内在性能。完全符合制品性能要求的树脂品种是很难找到的，即使有这样的品种，不是价格过高，就是难于加工。因此，配方设计人员常选取性能非常接近制品性能要求的树脂品种，并对其进行适当的改性，使之达到完全满足制品要求。

（3）降低成本。物美价廉是每一个配方设计者的首选目标。因此，树脂及助剂在满足制品需求性能的前提下，其价格越低越好。

三、实验原料及设备

(1)原料:增塑剂(邻苯二甲酸酯类)、稳定剂(环氧大豆油、三盐基性硫酸铅、二盐基性邻苯二甲酸铅、二丁基月桂酸锡等)、抗氧剂(抗氧剂264酚、双酚C、双酚A、抗氧剂CA等)、光稳定剂(邻羟基二苯甲酮类、水杨酸酯类、苯并三唑类、三嗪类等)、润滑剂(液体石蜡、乙二醇二酰胺、硬脂酸单甘油酯、季戊四醇等)、填充剂(碳酸钙、白炭黑、煅烧陶土、硫酸钡、硫酸钙、滑石粉、金属粉等)、着色剂[钛白粉、锌钡白(立德粉)、铬黄、镉黄、镉红、铬朱红、群青等]、阻燃剂(磷酸三甲酚酯、三氯化二锑、水合氧化铝、氢氧化镁等)、防静电剂(烷基铵乙内酯、十二烷基二甲基甜菜碱等)、偶联剂(硅烷偶联剂、钛酸酯偶联剂、铝酸酯偶联剂等)等二十多类。

(2)设备:天平。

四、实验步骤

(一)配方设计原则

1. 全面了解制品的性能要求

力学性能、加工性能、化学功能、特殊功能等。不同的塑料制品都有其特定的性能要求,根据制品性能,相应选取树脂和助剂,合理搭配配方。

2. 全面了解原料性能、来源和成本

在给出了塑料制品的使用性能要求后,首先要考虑的是选用何种材料才能达到这一要求,并且需要考虑采用什么样的工艺才能生产出这种制品。配方设计中的选材就是要选定配方中的树脂及各种助剂,使它们相互配合,充分发挥各自的优势,以满足制品的要求。一般情况下,各种树脂在力学性能、耐热性、耐寒性、耐腐蚀性以及其他性能等方面存在着很大的差异。另外,在加工流动性、其他工艺性能以及价格等方面的差异也很大。因此,树脂的选择至关重要。

树脂一经选定,接着就需考虑的是选用什么样的塑料助剂。助剂的应用是很复杂的技术,各种助剂对材料性能的影响大不相同,助剂选得是否正确,直接影响加工的进行以及产品的性能和使用寿命。

材料的性能通常包括使用性能、加工性能以及价格因素等方面。塑料配方中所选材料的使用性能是对制品使用性能的保证。树脂和各种助剂的性能是不同的,它们在体系中所起的作用也不同。有的助剂与树脂配合使用时会提高产品的性能,有的助剂与树脂配合使用时有可能带来不良的影响。因此,需充分考虑助剂与树脂的相容性,用于配方的各类助剂需与树脂有良好的相容性,这样才能均匀地分散于树脂中,同树脂有机地结合在一起,从而发挥其各自应有的作用。然而各种塑料助剂与给定聚合物之间仅有一特定的相容范围,超出这个范围,塑料助剂就会析出,析出后不仅失去作用,而且影响加工的进行及制品的性能与应用。相容性的好坏,主要取决于二者结构的相似性,如极性较强的增塑剂在极性的PVC中就有较好的相容性;在抗氧剂和紫外线吸收剂中引入较长的烃基,可以改善它们在非极性的聚烯烃中的相容性等。

选材时,还需考虑各类助剂间的组合搭配、相互影响及其协同效应。塑料制品使用的多种塑料助剂同处在一个体系中,往往彼此间要相互影响,如果配合得当,使用时具有协同作用。如紫外线吸收剂 2-羟基-4-辛氧基二苯甲酮与抗氧剂亚磷酸三癸基酯混合使用时,具有显著的增效作用。反之,若选配不当,使用时产生减效作用(或称对抗作用),如炭黑与胺类抗氧剂并用于 PE 中时,则产生对抗作用,彼此削弱原有的稳定效果。有关树脂与各种助剂以及助剂间的搭配,一方面要借鉴前人的生产或实践经验,另一方面需要通过试验来确定。

另外,需注意的是,不同的材料在成型加工工程中对温度、压力、时间的响应情况是不同的,选材过程中还需考虑选择正确的加工方式,以便不破坏材料的固有性能,同时提高工作效率。如在选择固体助剂时,要保证其在成型加工过程中不分解;在选择液体助剂时,要保证在加工过程中不逸出。

助剂的毒性及对环境的污染也是选材过程中需加注意的一点。大部分助剂都有毒性或低毒性,粉末状助剂还有粉尘的污染。因此,助剂的毒性除需考虑必须满足制品使用性能要求外,应尽可能选用对环境污染小,对操作人员健康影响小的助剂。

最后,在设计新的配方或改进老配方时,应合理地选择原料,节约使用某些供应比较紧张、价格昂贵的添加剂。原料品种的选择应在满足性能要求情况下,结合原料来源的难易,使制品的成本尽量降低,提高制品的经济效益,并有利于推广使用。

3. 全面了解成型工艺

在配方设计中要慎重选择各种助剂及用量,以适应不同成型工艺的特点。

不同加工设备、加工方法要求助剂品种及用量不同。例如,PVC 制品的成型方法有多种,生产薄膜可以通过压延成型或吹塑成型,生产硬质板材可采取挤压成型或压制成型,生产电缆料可采取开炼机塑化法或挤出造粒法等。由于成型方法不同,所用的设备及成型条件也不相同,物料在设备中不可避免地会受到压力、温度的作用,产生一系列物理或化学变化,致使性能发生改变。因此,在配方设计中要慎重选择各种助剂及用量,以适应不同成型工艺的特点。例如,对于 PVC 门窗异型材而言,采用挤出机通过挤出成型工艺生产,生产过程中外加热和螺杆剪切作用会使物料受到很大的热和力的作用,而 PVC 极易降解,使产品的性能下降甚至无法加工,因而在配方中必须加入合适的热稳定剂。

4. 设计的新配方,应通过成型加工、产品性能检测、制品使用的考验

通过小试、中试等一系列试验对所设计的配方进行验证和调整,通过成型加工,产品性能测试,产品使用的考验,最终确定出生产配方。设计出的新配方,往往要经多次调整才能确定为优良的配方。

(二)配方设计流程(以 PVC 制品配方为例)

(1)树脂牌号的选择。

(2)稳定剂系统的确定。

(3)增塑剂系统的确定。

(4)润滑剂系统的配合设计。

(5)影响 PVC 制品性能的其他需考虑的因素,如加工性能、刚性、韧性等。

(三)实验记录

1. 配方(表 4-1)

表 4-1　配方记录表

成分	型号	生产厂家	用量(份)

2. 是否需要干燥

如果需要干燥,则干燥条件(表 4-2):

表 4-2　干燥条件

项目	数值	项目	数值
干燥温度(℃)		干燥后含水率(%)	
干燥时间(h)			

五、思考题

1. 配方中各种助剂的作用是什么?

2. 配方中各种助剂的用量确定及使用注意事项是什么?

第五节　硬质 PVC 混料实验

一、实验目的

1. 了解混料的原理与作用。

2. 掌握混料的操作工艺。

二、实验原理

硬质 PVC 塑料的混料中主要采用的是热混料,它是硬质 PVC 塑料加工的首要工序。热混指的是将混合物加热到软化点或软化点以上进行的掺混过程。它的作用原理是通过混料釜中搅拌浆的作用,将各种助剂与 PVC 粉料进行充分混合;在这一过程中助剂中的润滑剂、加工助剂、热稳定剂和抗冲改性剂等将渗透到 PVC 颗粒中被其充分吸收,而 PVC 颗粒自身也将发生粉碎与重新组合,最终得到颗粒分布比较均匀,干爽的,能够自由流动地混成料。

三、实验设备

混料机。

四、实验流程

(1)检查混料机的各部位是否完好,温度控制装置是否正常,搅拌装置是否有松动,密封装置是否正常。

(2)接通电源检查混料机的电源指示灯是否正常。

(3)将混料机上盖密封好,排料设置在关闭状态,低速起动混料机检查其运转是否正常。

(4)混料机低速运转一段时间后,转换成高速运转,检查混料机运转情况。

(5)将混料机转换成低速,并运转几分钟后关闭。

(6)打开混料机加料盖按照加料顺序进行加料,加料后将加料盖密封好。

(7)将混料机设置为低速,等混料机运转平衡后再转换为高速进行混合。

(8)当物料温度与预设温度相差几度时,将混料机转换为低速度运转。

(9)当物料温度达到预设温度时,将物料放到冷混机中进行冷却,然后将物料排出装袋封存。

(10)混完料后将混料机中的物料清理干净,混料机加料盖保持在未拧紧状态,排料口呈关闭状态,开闭电源,方可离开。

五、实验记录(表4-3)

表4-3 实验记录表

项目		参数
高速混合器参数	厂家	
	最大混合量	
	转速	
	功率	
混合量		
混合时间		
混合温度		
混合流程记录		

六、思考题

1. 混料过程中物料将发生哪些变化?

2. 如何来判定混出的物料的质量？

3. 混料过程中有哪些需要注意的事项？

4. 混料时间和温度对物料有哪些影响？

第六节　硬质 PVC 挤出实验

一、实验目的

1. 了解 PVC(SG5 型)的挤出工艺与加工过程。

2. 掌握 PVC 挤出制品的加工设备及操作规程。

二、实验原理

硬质 PVC 的挤出加工是在挤出机的作用下完成的重要加工过程。在挤出过程中从料桶加入的物料在双(单)螺杆挤出机的作用下经历了挤压、熔融塑化、均化、计量和挤出的过程。在挤出过程中物料所受到作用主要来自两个方面：一方面是螺杆的剪切作用力；另一方面是来自料桶与物料间的热传递使物料受热熔融塑化。

三、实验设备

挤出机，其组成与结构如图 4-3 所示。

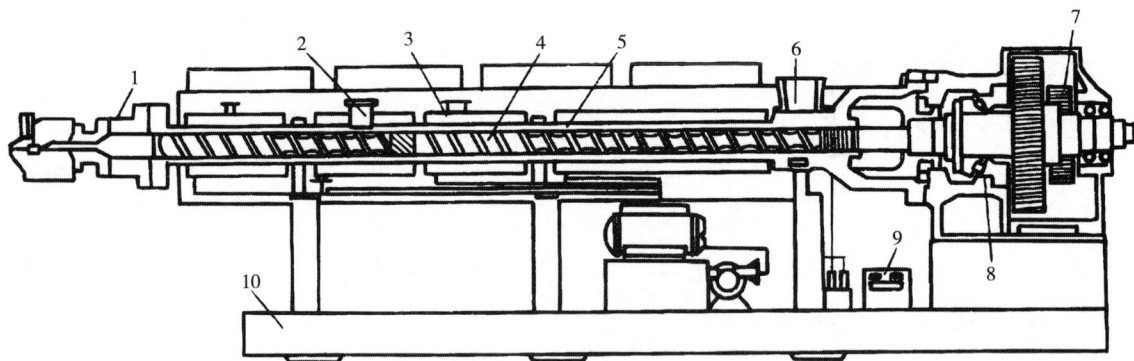

图 4-3　单螺杆排气挤出机结构

1—机头　2—排气口　3—加热冷却系数　4—螺杆　5—机筒

6—加料口　7—减速箱　8—止推轴承　9—润滑系统　10—机架

四、实验步骤

(1)检查挤出机各部位是否完好，温度控制装置是否正常。

(2)打开电源，按照挤出工艺对挤出温度进行设定上。

(3)达到挤出温度后，保温一定时间。

（4）检查模具安装情况，对螺丝进行加固。

（5）在少量加料的情况下低速开动挤出机，密切关注挤出扭矩和机头压力情况。

（6）待有挤出物挤出后逐渐加大挤出转速至设定值。

（7）根据挤出情况适当调节挤出温度和转速使挤出达到最佳。

（8）开启真空系统。

（9）挤出完成后要将螺杆中的料挤净，关闭真空系统，并用清洗料对螺杆进行保护。

（10）将螺杆转速调到零，关闭温度和电源。

五、实验记录（表4-4）

表4-4　实验记录

记录人员		同组学生	
1. 模具特征和模具结构：			

2. 挤出机特性参数

挤出机型号		螺杆数量		螺杆长径比	

3. 挤出成型条件

（1）温度（℃）

一段		二段		三段		四段		机头	

（2）螺杆转速（r/min）：

4. 挤出物物理特征：

六、思考题

1. 挤出过程中物料将发生哪些变化？

2. 挤出过程中挤出温度是如何确定的？

3. 如何才能保证物料在挤出过程中均匀稳定？

4. 挤出过程中需要注意哪些方面的问题？

第七节　热塑性塑料注射成型

一、实验目的

1. 了解螺杆式注射机的基本结构，熟悉注射成型的基本原理。

2. 掌握热塑性塑料注射成型的操作过程。

3. 掌握注射成型工艺条件对注射制品质量的影响,学会注射工艺条件设定的基本方法。

二、实验原理

注射成型(又称注射模塑或者简称注塑),是成型塑料制品的一种重要方法。几乎所有的热塑性塑料及多种的热固性塑料都可以适用于注塑方法成型。注射成型所用设备为注射成型机,按其塑化装置的组成和结构,分为柱塞式和往复螺杆式注射成型机,并且以后者居多。

热塑性塑料的注射成型原理是:物料通过料斗进入注射机的料筒内,受到螺杆拖曳物料的机械剪切摩擦热和来自料筒的外部加热作用,塑化、熔融为流动状态,然后以较高的压力和较快的速度,流经喷嘴注射到温度较低的闭合模具内,经过一定时间冷却之后开启模具,取得制品。

注射成型时,塑料物料发生的主要是一个物理变化过程。塑料的流变性、热性能、结晶行为、定向作用等因素,对注射工艺条件及制件性质都会产生很大影响。本实验是按热塑性塑料试样注射制备方法的基本要求制备塑料试样的。通过实验要求学生了解实验设备的基本结构、动作原理和使用方法;熟悉制备试样的操作要点;掌握工艺因素、实验设备与注射成型制品的关系。

三、实验设备

注射机,其各组成部分结构及说明如图4-4所示。

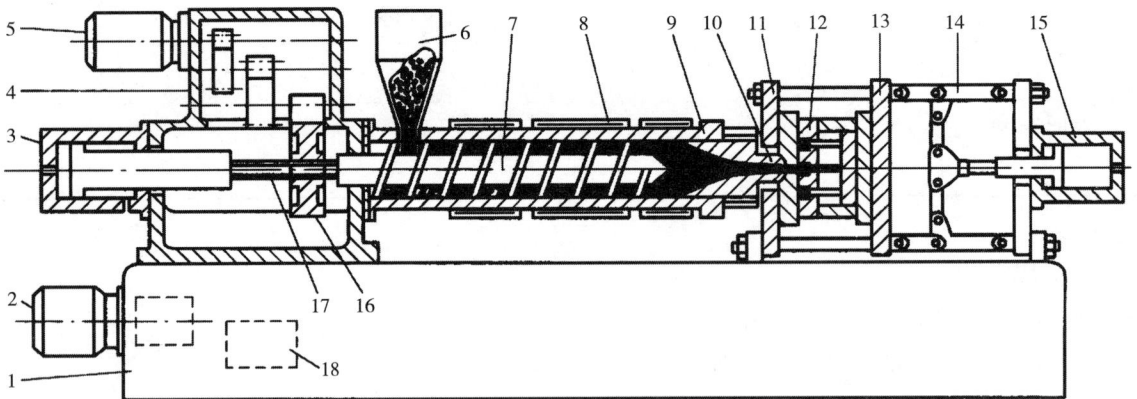

图4-4 注射机结构示意

1—机座 2—电动机及油泵 3—注塑油缸 4—齿轮箱 5—齿轮传动电机 6—料斗 7—螺杆
8—加热器 9—料筒 10—喷嘴 11—定模板 12—模具 13—动模板 14—锁模机构
15—锁模油缸 16—螺杆传动齿轮 17—螺杆花键槽 18—油箱

四、实验步骤

(1)按注射成型机使用说明书或操作规程做好实验设备的检查、维护工作。

（2）注射机预热温度指示达到实验条件时，再恒温一定时间。恒温时间到后，加入塑料原料进行对空注射，如从喷嘴流出的条状物料的表面光滑，无变色、银丝、气泡，表明机筒和喷嘴的设定温度适当，即可按照预置的实验条件用半自动操作方式开动机器，制备试样。此后，每次调整料筒温度，也应有适当的恒温时间。

（3）在成型周期固定的情况下，使用测温计测定塑料熔体的温度。

（4）在成型周期固定的情况下，用测温计分别测量模具动、定模型腔的表面温度。

（5）注射压力以注射时螺杆头部施加于塑料熔体的压力表示。

（6）成型周期各阶段的时间在固定情况下，用继电器和秒表测量。

（7）制备试样过程中，模具的型腔和流道不允许涂擦润滑性物质。

（8）制备试样数量，按测试需要而定，制备每一组试样时，一定要在基本稳定的工艺条件下重复进行，必须在至少舍去五模后，才能开始取样。若某一工艺条件有变动，则该组已制备的试样作废。

五、实验记录（表4-5）

表4-5　实验数据

1. 原料名称					
牌号（或规格）		形态		生产厂商	
2. 是否需要干燥　是（ ）否（ ）					
如果需要干燥，则干燥方法					
干燥温度（℃）			干燥时间（h）		
干燥后含水率（%）					
3. 模具特征					
模具结构			每模试样数（型腔数）		
4. 注射机特征参数					
注射机型号			注射量		
锁模力			螺杆直径		
喷嘴结构			合模结构		
5. 成型条件					
（1）温度（℃）					
机筒		喷嘴		物料	模具
（2）压力（MPa）					
注射		保压		塑化	

续表

(3)螺杆转速(r/min)：							
(4)时间(s)							
注射		保压		冷却		循环周期	

六、思考题

1. 注射成型时模具的运动速度有何特点？

2. 试样产生的缺料、溢料、凹痕、气泡、真空泡等缺陷与哪些因素有关？

3. 在成型周期固定的情况下，使用测温计测定塑料熔体的温度，需要测几次？

4. 制备出的样品应符合哪些国家标准？

第八节　玻璃纤维复合材料缠绕成型及工艺实验

一、实验目的

1. 了解缠绕成型的基本原理，掌握缠绕线型设计的基本方法。

2. 了解缠绕成型设备的构成及其工作原理。

3. 掌握缠绕成型工艺参数的设置和工艺过程。

二、实验原理

(一)缠绕工艺

缠绕工艺是将浸过树脂胶液的连续纤维或布带，按照一定规律缠绕到芯模上，然后固化脱模成为复合材料制品的工艺过程(图4-5)。

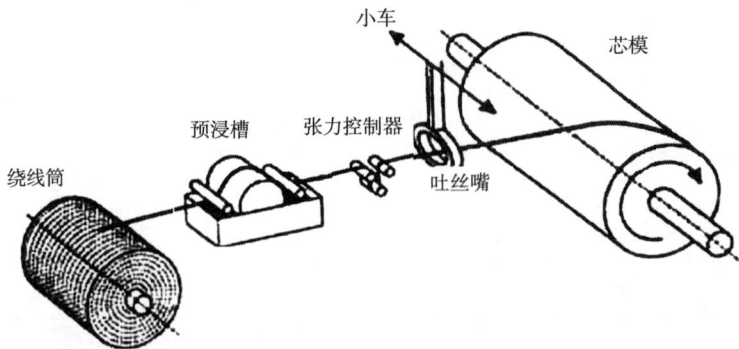

图4-5　纤维缠绕成型示意图

缠绕时要使纤维位置稳定不打滑，并均匀连续地布满芯模表面，使相邻纤维既不重叠又不离缝，这就要求纤维按一定规律排布，这一规律称为缠绕规律。纤维从芯模上某一点开始，绕过芯模再回到此起始点,在芯模上形成了一条不重复的缠绕线型称为标准线,缠绕规律不同、其标准线也不同,缠绕规律由芯模与绕丝头之间的相对运动决定的。缠绕线型的正确设计是保障纤维缠绕产品质量的重要前提。

(二)线型设计

1. 芯模转角的计算

$$\theta'_n = 2\theta'_t = 2\frac{l\tan a_0}{\pi D} \times 360° + 4 \times \left(90° + \sin^{-1}\frac{h\tan a_0 - r_0}{R}\right) \tag{4-4}$$

式中:a_0——缠绕角;

  l——筒身段长度;

  D——筒身直径;

  h——极孔到封头与筒身交界处的距离;

  R——测地线与子午线交点处平行圆半径;

  r_0——封头极孔圆半径。

2. 线型的确定

(1)容器允许改变圆筒段长度l,a_0为缠绕角,可改变。调整后的筒身段长度l':

$$l' = \frac{l\left[\gamma - (\theta'_t - \theta_0)\right]}{\gamma} \tag{4-5}$$

式中:γ——以原长l计算的,完成筒身段缠绕的芯模转角;

  θ'_t——以原长l计算的测地线缠绕单程线芯模转角;

  θ_0——满足均匀布满条件的芯模转角,由线型表查得。

(2)容器尺寸不许变,调节缠绕角。根据实践经验,湿法缠绕实际缠绕角偏离测地线理论缠绕角8°~10°时,由于纱片摩擦力、树脂黏滞力等原因,纤维仍不至发生滑移。可用计算法从下面三角方程中求得改变的缠绕角θ'_n。

(3)允许改变极孔直径,根据公式用试算法求出合适的极孔直径和缠绕角。

$$\sin a_0 = \frac{r_0}{R}$$

$$\theta'_n = 2\frac{l\tan a_0}{\pi D} \times 360° + 2 \times \left(90° + \sin^{-1}\frac{h\tan a_0 - r_0}{R}\right) \tag{4-6}$$

三、实验设备与材料

(一)设备

计算机控制卧式缠绕机(型号3FW 600×6000,哈尔滨复合材料设备开发公司),技术参数:

(1)制品规格。缠绕直径≤600mm,缠绕长度≤6000mm,缠绕最大重量(含模具)500kg。

(2)工艺参数。缠绕角1°~90°,最大纱团数:随机带有6只机械式张力器外抽头纱架,小车重复控制精度±0.25mm。

(二)材料

玻璃纤维纱线。

四、实验内容与步骤

(一)线形设计

计算出缠绕管道(管道长度为1000mm、直径为147mm、缠绕角为54°)的线型设计过程。其中管道尺寸不可改变,缠绕角可以小范围改变。

(二)管道的缠绕成型实验

1. 机器调整

检查设备附近是否有其他物品可能会限制设备的主轴、小车、伸臂的运动,保证设备运转具有充足的运转空间。

检查主轴正转、反转,小车正向、反向,伸臂正向、反向是否正常。

2. 环向缠绕

(1)新建管道工程文件,设置材料参数(表4-6)。

表4-6　材料参数

项目	参数	项目	参数
纱团数(团)		纤维线密度(tex)	
树脂含量(%)		树脂密度(g/cm³)	
纤维密度(g/cm³)		丝嘴距芯模表面距离(mm)	
纱片宽度(mm)			

(2)设置工艺参数(表4-7)。

表4-7　工艺参数

项目	参数	项目	参数
纱片宽(mm)		层间是否停留	
缠绕起点(mm)		封头停留角(°)	
缠绕终点(mm)		缠绕直径(mm)	
缠绕层数		缠绕张力(N)	

(3)将纱线转过胶槽和丝嘴,固定到模具上后,开始纵向缠绕。

3. 纵向缠绕

(1)新建管道工程文件,设置材料参数(表4-8)。

表 4-8 材料参数

项目	参数	项目	参数
纱团数(团)		纤维线密度(tex)	
树脂含量(%)		树脂密度(g/cm³)	
纤维密度(g/cm³)		丝嘴距芯模表面距离(mm)	
纱片宽度(mm)			

（2）设置工艺参数（表 4-9）。

表 4-9 工艺参数

项目	参数	项目	参数
缠绕角(°)		封头停留角(°)	
缠绕起点(mm)		缠绕直径(mm)	
缠绕终点(mm)		缠绕张力(N)	
缠绕层数		纱片宽(mm)	
层间是否停留			

（3）将纱线转过胶槽和丝嘴，固定到模具上后，开始纵向缠绕。

五、思考题

1. 如何根据特定尺寸的芯模对纤维缠绕的线型进行设计？
2. 纤维缠绕的模具一定是凸形的吗？凹形的模具是否能缠绕成型？

参考文献

[1] 张世杰，王汝敏，刘宁，等. 纺丝工艺对 T800 碳纤维及其复合材料性能的影响[J]. 材料工程，2019，47(8):118-124.

[2] 赵梦雅，张美云，杨强，等. MCC/MOFs 抗菌复合材料的制备及表征[J]. 中国造纸学报，2019，34(4):1-6.

[3] 袁琪. 玻璃钢船舶树脂真空导入技术分析[J]. 江苏船舶，2013，30(3):7-8,28.

[4] 王俊成. 真空导入工艺应用研究进展[J]. 科技风，2017(25):11-12.

[5] 李龙涛. 真空导入模塑工艺树脂流动前沿研究[D]. 大连:大连理工大学，2013:1-9.

[6] 李珊，张岚，陈永艳，等. 饮用水中微塑料检测技术研究进展[J]. 净水技术，2019，38(4):8.

[7] 马占峰，牛国强，芦珊. 中国塑料加工工业(2021)[J]. 中国塑料，2022，36(6):7.

[8] 安娜. 无机非金属材料的应用与发展[J]. 当代化工研究，2022(7):105-107.

第五章　无机非金属材料综合实验

第一节　锆酸钡中空纳米球循环处理活性染料废水

一、实验目的
1. 掌握分光光度计的使用方法。
2. 了解纳米吸附剂在活性染料废水处理中的应用。

二、实验原料及设备

(一)原料
自制的锆酸钡中空纳米球,添加剂 A 和 B,去离子水,各种染料。

(二)设备
7220 型分光光度计,高速离心机。

三、实验步骤
实验分为六组,每组一种染料(表 5-1)。

表 5-1　染料种类

染料种类	最大吸收波长（nm）	染料种类	最大吸收波长（nm）
活性大红 K2G	512	活性红 E-3B	537
毛用活性红 2B	513	活性蓝 M-BF	622
活性黑 KNB	593	毛用活性蓝 3R	604

(一)绘制标准曲线
先用 100mL 容量瓶配制浓度为 1000mg/L 的目标染料,再利用所配的 1000mg/L 的目标染料和 50mL 容量瓶配制浓度分别为 100mg/L、200mg/L、300mg/L、400mg/L、500mg/L 的染料溶液。

在目标染料的最大吸收波长处测定吸光度,绘制浓度—吸光度曲线(标准曲线应为直线,如果偏差太大,需要重新测定,否则对饱和吸附量的测定有很大影响)。如果测量过程中染料的浓度过高,超出仪器的测试范围,需根据具体情况将染料溶液稀释到合适的浓度。

（二）测定饱和吸附量

配制两份 50mL 浓度为 300mg/L 的目标染料溶液加入烧杯中，每份加入 1.5mL 添加剂 A，分别向两份目标染料中加入 0.05g 和 0.1g 锆酸钡中空纳米球粉末，搅拌计时。

分别在 10min、30min、50min、70min、90min、110min 等时间处取少量混合液进行离心分离，并对上清液进行吸光度 A 的测定，直至吸光度数值恒定（注：每次取液测定后的上清液和粉末用滴管转入原液烧杯中继续搅拌）。根据标准曲线计算出各时间段溶液的浓度，绘制浓度—时间曲线，并计算出饱和吸附量，若在短时间内达不到饱和吸附，则搅拌过夜后，取少量溶液离心后测试上清液的吸光度。然后在标准曲线上查对相应的浓度，计算饱和吸附量（对有些染料的饱和吸附量比较小，此时应减小染料浓度）。

（三）吸附—脱附循环（三次）

1. 吸附

根据饱和吸附量，配制 100mL 一定浓度（如 500mg/L）的目标染料溶液，（根据饱和吸附量计算，使中空球接近饱和吸附，而溶液中的染料几乎被完全吸附），加入 1mL 添加剂 A，测定吸光度 A_0，称取 0.5g 的锆酸钡中空纳米球粉末加入目标染料中，搅拌计时。分别在 5min、10min、15min、20min、40min 和 60min 处取少量溶液进行离心分离，并对离心管中上清液进行吸光度 A 的测定，记录数据。

2. 脱附

离心分离出吸附染料后的中空纳米球粉末，加入 50mL 添加剂 B 中搅拌 1h，离心并用无水乙醇洗涤干净，放入 50℃ 烘箱中烘干。

由于每次循环后，中空纳米球有少量损失，首先操作要细心尽量减少损失，其次第二和第三次循环的目标染料溶液的浓度（或相同浓度改变用量）需根据烘干后的粉末重量按比例确定。

（四）吸附模型的研究

简单地说，吸附模型主要有两种模型，一种是弗罗因德利希（Freundlich）模型，另一种是朗格缪尔（Langmuir）模型，可以通过实验来确定。在做吸附实验的同时，请同学们自己查阅资料，确定吸附模型的研究方法，设计实验方案和老师探讨后，可确定本实验的吸附模型。

选作实验小提示：固定锆酸钡中空纳米球粉末的投量为 0.1g，改变废水中染料的浓度，吸附 12h 后测定水中残余染料浓度，绘制吸附等温线，并用 Langmuir 和 Freundlich 方程对实验结果进行拟合。

（五）数据处理

对每一循环绘制横坐标为吸附时间，纵坐标为吸光度的脱色曲线，并根据公式：$D = (A_0 - A)/A_0$（A_0 为染料初始吸光度；A 为饱和吸附后染料的吸光度）计算出每次循环的脱色率 D。

（六）附图

各种染料的紫外可见吸收光谱如图 5-1 所示。锆酸钡中空纳米球的透射电镜照片如图 5-2 所示。

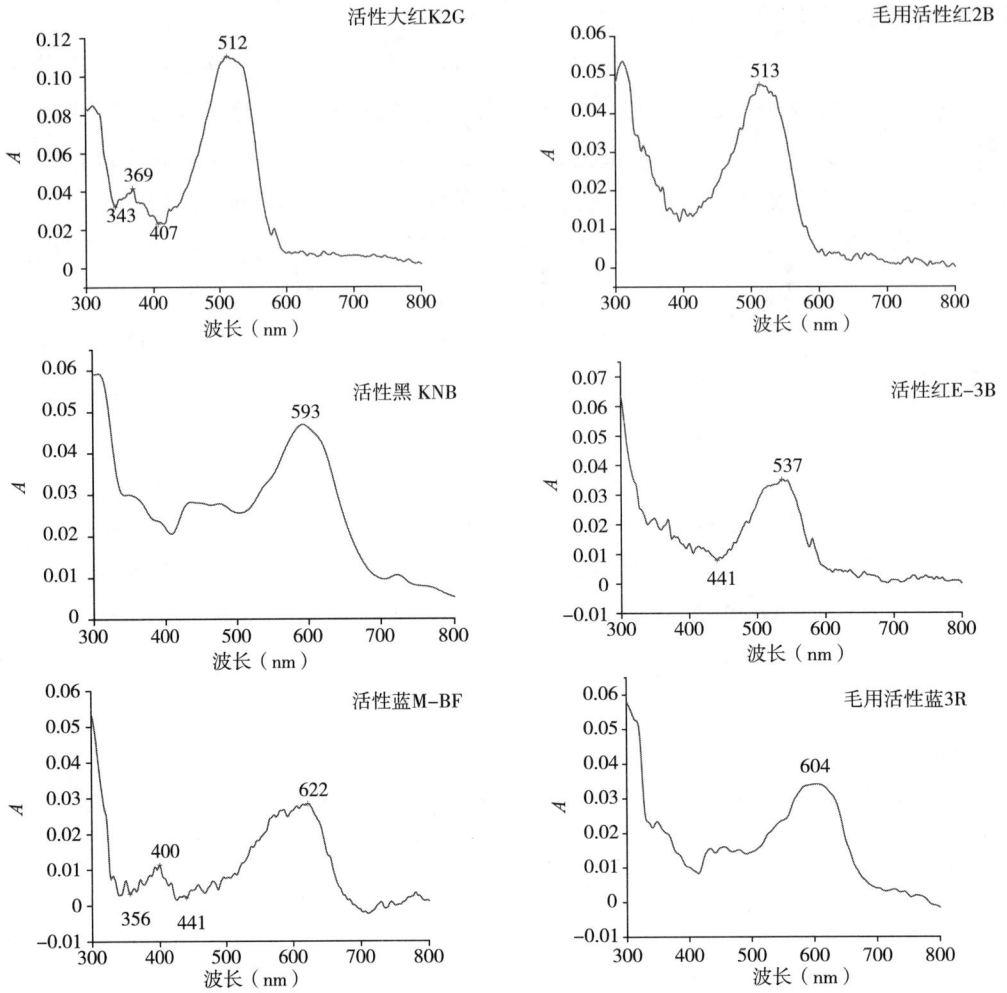

图 5-1　各种染料的紫外可见光吸收光谱

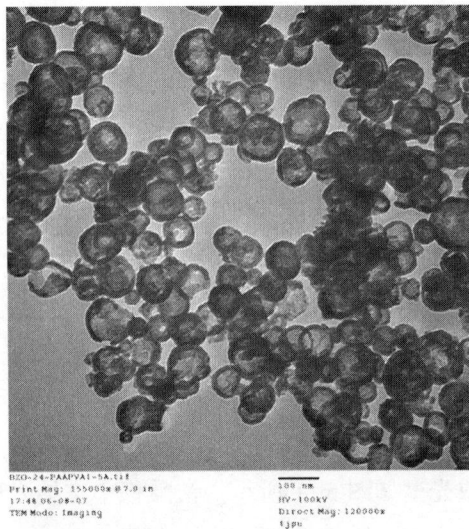

图 5-2　锆酸钡中空纳米球的透射电镜照片

四、思考题

1. 锆酸钡中空纳米球可逆吸脱附染料的机理是什么？
2. 分光光度法测试染料浓度的机理？
3. 试分析中空纳米球处理染料废水的工业可行性。

第二节　Fe—C合金的金相试样制备

一、实验目的

1. 基本掌握实验仪器设备的使用,认识不同成分的铁碳合金在平衡状态下的组织形态。
2. 了解和鉴别常用的碳钢的显微组织及成分、组织、性能三者之间的关系。
3. 学会正确使用显微镜、了解和鉴别各种铸铁在室温时的显微组织、理解组织形态对机械性能的影响。

二、实验原理

随计算机技术、电子技术和信息技术的迅猛发展,新材料的不断深入,金相学范畴发生了巨大的变化并有了新的内涵,从最初简单的形貌观察转向结合电子化、信息化手段对物质的变化进行细微深入的分析和探究,不断推动材料的革命性发展和创新。可以说,在一定程度上金相学的发展也是社会发展和科学技术发展的一个缩影。金相学包括金相技术、金相检验和金相分析三方面内容。金相技术主要指金相试样的制备,光学显微镜及其附件的使用,金相组织的识别、定量测量及记录等实验技术。金相检验是指对试样的金相组织作出定性鉴别和定量测量过程。金相分析通常是指在对材料研究中各种现象、质量控制中某种事件进行较广泛的金相检验后,把所得的资料运用金相原理加以综合分析,以得出科学的结论,如失效分析及材料热处理工艺确定等。

Fe—C相图是金相学发展史上的一个重要里程碑。最初Fe—C相图仅标注了临界点数据,尚不满足相律。几经改进后,1914年Fe—C相图基本定型。随着现代技术的发展,新材料层出不穷,金相学的覆盖面逐渐扩大,成为综合研究金属及合金成分、组织与性能关系的科学,范围也已不限于金属与合金,逐步渗透到无机非金属材料、矿物、有机高分子等。其研究手段也逐步从传统的光学拓展到微电子分析等。Fe—C合金具有材料学典型的相组成和相分布,通过4%硝酸酒精溶液浸蚀后,在显微镜下可以观察到铁素体、珠光体。渗碳体等典型金相图谱。通过对Fe—C合金金相图谱的观察、检测与分析可以有效地理解成分—组织—性能三者之间的关系。

本实验主要以不同型号Fe—C合金为实验对象,进行镶样、磨制、抛光、侵蚀和金相观察。通过此次实验,希望同学们能相图中的相组成与相分布等有一定的了解,并直观地了解金相试样制备工艺参数对金相图谱的影响,为进一步学习提供有关知识基础,开阔学术与科研视野。

三、实验原料与设备

(一)原料

20 钢(ϕ15mm×18mm)、T12 钢(ϕ15mm×18mm)、QT 球墨铸铁(ϕ15mm×18mm)、金太阳牌水磨砂纸(80-2000#)、抛光布(海军呢)、抛光膏(金刚石 2.5μm)、抛光液(氧化铝 2.5μm)、浓硝酸、酒精。

(二)设备

LHM-3000 镶样机、单盘台式预磨机(M-1)、抛光机(双盘立式机)、MV2100 金相显微镜、TMVP-1 显微维氏硬度计。

四、实验步骤

金相试样制备流程图如图 5-3 所示。

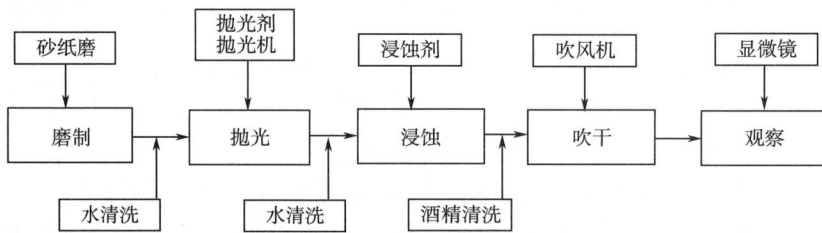

图 5-3 金相试样制备流程图

(一)试样制备

(1)试样截取的方向,垂直于径向,长度不超过 8mm。

(2)试样可用手锯或切割机床等切取,不论用何种方法取样均应注意试样的温度条件,必要时用水冷却,以避免正式试样因过热而改变其组织。

(二)试样的研磨

(1)准备好的试样,先在粗砂轮上磨平,待磨痕均匀一致后,即移至细砂轮上续磨,磨时须用水冷却试样,使金属的组织不因受热而发生变化。

(2)经砂轮磨好、洗净、吹干后的试样,随即依次在由粗到细的各号砂纸上磨制,可采用在预磨机上进行磨制,从粗砂纸到细砂纸、再换一次砂纸,试样须转 90°与旧磨良成垂直方向。

(3)经预磨后的试样,先在抛光机上进行粗抛光(抛光织物为细绒布、抛光液为 W2.5 金刚石抛光膏),然后进行精抛光(抛光织物为锦丝绒,抛光液为 W1.5 金刚石抛光膏)抛光到试样上的磨痕完全除去而表面像镜面时为止,即粗糙度为 Ra0.04 以下。

(三)试样的浸蚀

(1)精抛后的试样,便可浸入盛于玻璃皿之浸蚀剂中进行浸蚀。浸蚀时,试样可不时地轻微移动,但抛光面不得与皿底接触。

(2)浸蚀剂一般采用 4%硝酸酒精溶液。

(3)浸蚀时间视金属的性质、检验目的及显微检验的放大倍数而定,以能在显微镜下清晰显出金属组织为宜。

（4）试样浸蚀完毕后，须迅速用水洗净，表面两用，酒精洗净，然后用吹风机吹干。

（四）金相显微组织检验

（1）金相显微镜操作按仪器说明书规定进行。

（2）金相检验包括浸蚀前的检验和浸蚀后的检验，浸蚀前主要检验钢件的夹杂物和铸件的石墨形态、浸蚀后的检验为试样的显微组织。按有关金相标准进行检验。

（五）金相组织硬度检验

（1）显微维氏硬度计操作按仪器说明书规定进行。

（2）金相组织硬度检验包括对铁素体、珠光体、球状石墨等显微组织按有关硬度标准进行检验。

（六）注意事项

（1）金相试片只应在砂轮侧面轻轻地磨制。当试片的厚度小于 10mm 时，应在镶嵌后再进行打磨。

（2）严禁在磨片机旋转时更换砂纸、砂布。

（3）试片打磨，抛光时应拿紧，并力求与磨面接触平稳。两人不得同时在一个旋转盘上操作。

（4）腐蚀、电解金相试片的化学药品试剂应按其性质分类储存和保管，配制、使用时应遵守有关规定；进行电解时，应严格控制电解液的温度及电流密度。

（5）金相腐蚀、电解的操作室应通风良好，并设有自来水和急救酸、碱伤害时中和用的溶液。

（6）金相试验用过的废液应经必要的处理后方可排放，不得将未经处理的废料倒入下水道。

（7）现场进行金相试验时应有防止试剂、溶液泼洒滴落的措施；作业完毕后应将杂物、废液清理干净。

（8）更换卧式金相显微镜的弧光电极时必须切断电源。

五、思考题

1. 什么是二元系统？有哪些分类？

2. 影响长二元系统相组成的有哪些因素？

3. 20 钢和 T12 钢相组成分别是什么？

第三节　喷雾干燥法制备硬炭微球

一、实验目的

1. 了解喷雾干燥的原理、影响因素以及应用领域。

2. 掌握喷雾干燥法制备微球的工艺及操作流程。

3. 掌握形貌研究方法,即偏光显微镜、扫描电镜、透射电镜等。

二、实验原理

(一)喷雾干燥原理

通过机械作用,将需干燥的物料,分散成很细的像雾一样的微粒,(增大水分蒸发面积,加速干燥过程)与热空气接触,在瞬间将大部分水分除去,使物料中的固体物质干燥成粉末(图5-4)。

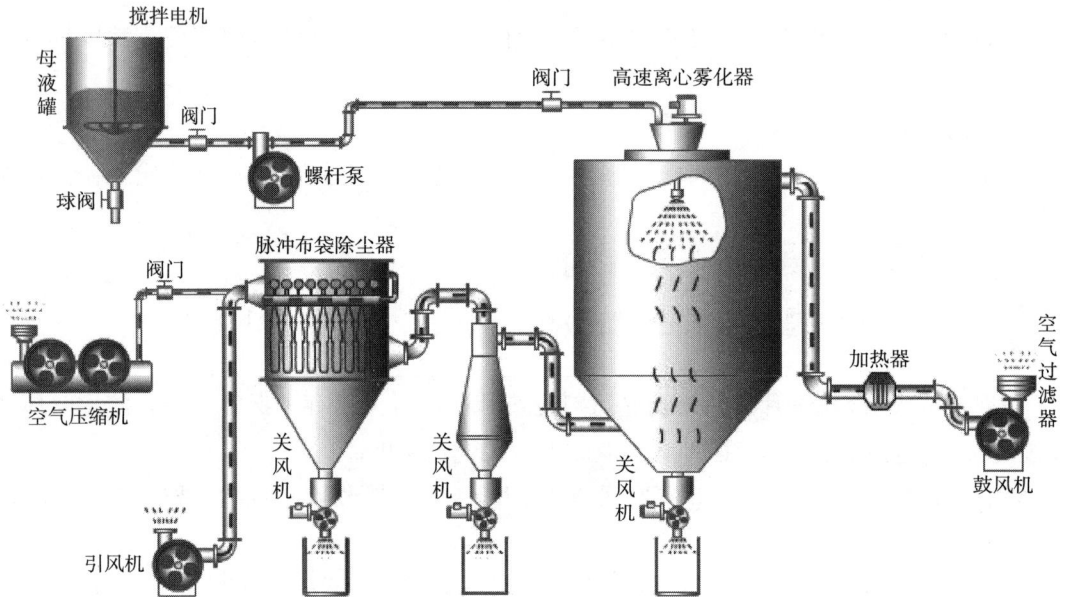

图5-4 离心式喷雾干燥原理示意图

(二)作用机理的分类

分为三种:压力式雾化、离心喷雾雾化、气流式雾化。

1. 压力式雾化

用高压泵把料液从喷嘴高速压出,形成雾状。

2. 离心喷雾雾化

将料液加入雾化器内高速旋转的甩盘(7000~28000r/min)中,将料液快速甩出而雾化。

3. 气流式雾化

利用压缩空气或水蒸气使料液雾化。

(三)显微镜的选用

见本书第二章第七节中"形貌研究方法"。

三、实验原料及设备

(一)原料

不同物料组:MF、MF-SO$_3$H;其他物品:三口烧瓶、四氟搅拌桨、烧杯等。

(二)设备

离心式喷雾干燥仪、机械搅拌器、磁力搅拌器、管式炉、扫描电镜等。

四、实验步骤

(1)聚合物的制备。将甲醛水溶液(37%)加入三口瓶中,加碱调节 pH 为 8~9,升温至 50~60℃后加入三聚氰胺(甲醛:三聚氰胺摩尔比 1:4),搅拌均匀后继续升温至 80℃,反应 1~2h。降温至 50℃,加酸调节 pH 为弱酸性,终止反应。

(2)喷雾干燥法制备微球。取上述溶液 3g 左右,放入 150℃鼓风干燥箱中进行 2h 干燥处理测其固含量,分别配置成质量分数为 1%、3%、5%、8%的树脂溶液。进口温度 120℃、进料速率 500mL/h 下进行喷雾造粒。

(3)硬炭微球的制备。将树脂微球放入鼓风干燥箱中进行干燥、固化。在 N_2 气氛下由 5℃/min 升温至 400℃后,再进行 3℃/min 升温至 1100℃,恒温 3h 后,以 5℃/min 速率降温处理至 500℃后自然降温至室温,得到的硬炭微球。

(4)形貌研究。利用 SEM 对硬碳微球形貌进行研究,参见第二章第五节中"电子显微镜"。

五、思考题

1. 喷雾干燥技术的优缺点有哪些?
2. 根据实验结果,总结喷雾干燥溶剂及浓度对微球形貌的影响规律,并简要阐述原因。

第四节　陶瓷注凝成型

一、实验目的

1. 了解陶瓷注凝成型的原理及应用。
2. 掌握注凝成型陶瓷浆料的制备及固相含量对陶瓷浆料流动性的影响。
3. 掌握固相含量对注凝成型坯体收缩率以及强度的影响。

二、实验原理

注凝成型技术是由美国橡树岭国家实验室于 20 世纪 90 年代发明的一种低成本,可生产高可靠性、复杂形状陶瓷部件的净尺寸成型技术。这种成型工艺简单,成型周期短,成型后坯体强度高,可进行机加工,坯体致密,结构均匀,可成型外形非常复杂的坯体,所以该工艺的提出,标志着陶瓷胶态成型工艺的研究向着原位凝固的近净尺寸成型工艺的方向发展。

注凝成型技术将传统的陶瓷工艺和有机聚合物化学结合,将高分子单体聚合的方法灵活地引入陶瓷成型工艺中,通过制备低黏度、高固相含量的陶瓷浆料来实现净尺寸成型高强度、高密度、均匀性好的陶瓷坯体。该工艺的基本原理是在低黏度高固相含量的浆料中加入有机单体,在催化剂和引发剂的作用下,使浆料中的有机单体交联聚合成三维网状结构,从而使浆料原位固化成型,粉末在三维网状结构中分布及相互作用的结构模式如图 5-5 所示。从另一角度来看,这种成型坯体可视作类似于粒子补强聚合物,只不过这里粒子远远多于聚合物。成型后坯体即可脱模,并在合适条件下(温度、环境)干燥、去除有机物、烧结后即可得到陶瓷产品。

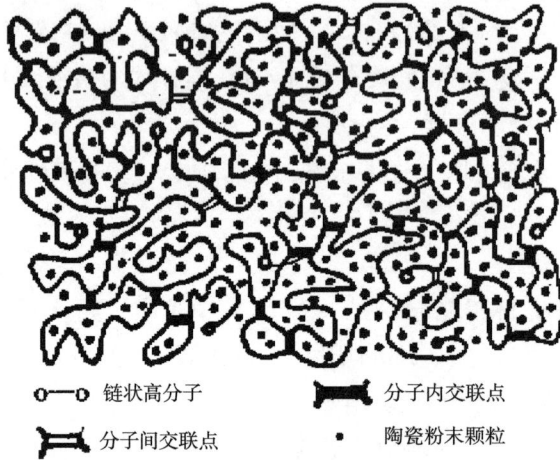

○—⊃ 链状高分子   ⋈ 分子内交联点

⋊ 分子间交联点   · 陶瓷粉末颗粒

图 5-5　陶瓷注凝成型示意图

注凝成型工艺通常采用丙烯酰胺作为有机单体;N,N'-亚甲基双丙烯酰胺作为交联剂;催化剂为 N,N-四甲基乙二胺;引发剂为过硫酸铵。在水溶液中,单体和交联剂通过自由基引发的聚合反应形成凝胶,引发剂在凝胶形成中提供初始自由基,通过自由基的传递,使丙烯酰胺成为自由基,发动聚合反应,催化剂则可加快引发剂释放自由基的速度。单体聚合程度越高,则固化后陶瓷坯体强度越高。单体聚合的诱导期太短,无法保证注凝成型工艺所需的操作时间;诱导期太长,则在固化过程中陶瓷浆体容易产生沉降。这两种情况都会造成固化后陶瓷坯体不均匀或产生缺陷。

陶瓷注凝成型中要求浆料具有高固相(体积分数不小于 50%)、低黏度(小于 1Pa·s)的特性,而浆料的固相含量是影响成型坯体的密度、强度及均匀性的因数,黏度的大小关系到所成坯体形状的好坏及浆料的排气效果,这也是应用该技术的难点和能否成功的关键。在本实验中,我们采用旋转黏度计测定陶瓷浆料的黏度,其构造示意图如图 5-6 所示。装在仪器上的同步电机以一定速度稳定旋转,带动刻度盘圆盘,再通过游丝和转轴带动转子,如果转子未受阻力作用,则游丝未经扭转与刻度盘同速旋转。反之,如果转子浸

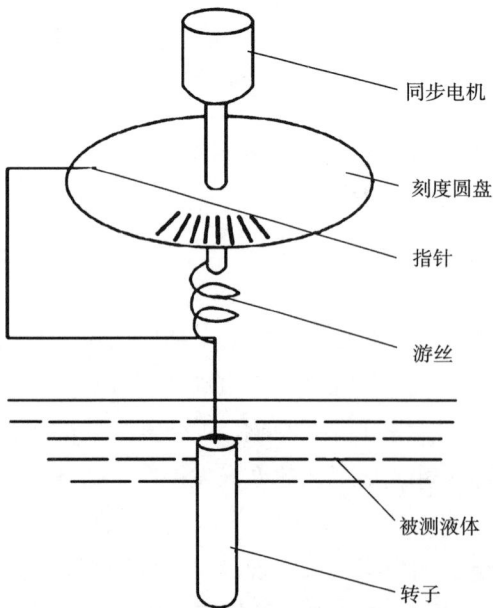

同步电机

刻度圆盘

指针

游丝

被测液体

转子

图 5-6　旋转黏度计构造示意图

在液体中受黏滞阻力作用,则游丝将产生扭转,并使之与黏滞阻力抗衡,达到平衡为止,这时与游丝连接的指针在刻度盘上指出一定的读数(即游丝的扭转角),此时可将操纵杆压下,钳住指针,同时关闭电流,使指针停止在视线内,即可读出所指数值。

三、实验试剂及仪器

(一)试剂

氧化铝粉,丙烯酰胺(AM),N,N'-亚甲基双丙烯酰胺$[(C_2H_3CONH)_2CH_2,MBAM]$,过硫酸铵$[(NH_4)_2S_2O_8]$,$N,N'$-四甲基乙二胺(TEMED),聚甲基丙烯甲酯(PMMA,分子量=15000)水溶液(5%),氨水。

(二)仪器

球磨机,干燥箱,酸度计,玻璃模具,游标卡尺,电子万能试验机,高温烧结炉。

四、实验步骤

(一)预混液的配制

按 AM:MBAM=4:1 的比例称取 AM 和 MBAM,再按蒸馏水:(AM+MBAM)=100:20 的比例把有机物溶解在蒸馏水中。

(二)悬浮体的制备

称取适量 Al_2O_3 粉末,加入预混液中,分别使陶瓷粉末与 Al_2O_3 悬浮体的质量比约为 60%、70%、75%和80%。用 PMMA 作为分散剂,加入量为 Al_2O_3 粉末质量的 5%,分别测定不同固相含量悬浮体的黏度。

(三)注凝成型

将上述悬浮体分别用氨水调节悬浮液的 pH 在 9~10 之间,加入引发剂过硫酸铵水溶液(2%)0.1~0.5mL,置于球磨机上混合 2h;将已制备好的浓悬浮体置于真空室中除气 10min,真空度为 300mmHg 左右;将除气后的浆料注入玻璃模具中,放入 75℃的干燥箱中固化 30min 后脱模。

(四)坯体含水率、干燥收缩率的测定

先将成型后坯体称重,然后用游标卡尺量取长条形坯体的长、宽、高,从三个部位量取,取平均值,将坯体放入烘箱中,在 60℃烘干 24h(直至最后两次称重之差小于前一次称重的 0.1%),冷却后用游标卡尺量取长、宽、高的尺寸并称重,按照下式计算坯体的线收缩率:

$$线收缩率\% = \frac{l_0 - l_1}{l_0} \times 100\% \tag{5-1}$$

式中:l_0——试样干燥前刻线间的距离,cm;

l_1——试样干燥后刻线间的距离,cm。

利用干燥前后坯体质量的变化计算坯体的含水率。

(五)坯体强度的测定

将干燥后的坯体切割成长 40mm,宽 4mm,高 4mm 的试样,采用三点弯曲法测量不同坯体

的弯曲强度。

(六)排胶陶瓷烧结

1. 排胶过程

将干燥后的坯体在电炉中乙 3℃/min 升温至 400℃,保温 2h,以将坯体中的有机物充分碳化后排除。

2. 陶瓷烧结

保温结束后以 5℃/min 升温速率至 1400℃,保温 2h,后随炉冷却至室温,测量不同固相含量对烧结体密度的影响。

五、思考题

1. 根据结果,分析固相含量对陶瓷浆料黏度、坯体的收缩率和强度的影响作用。

2. 从成型和干燥的角度分析陶瓷注凝成型过程的注意事项是什么?

3. 观察坯体及烧结体表面是否光滑、平整,有无起皮、开裂等缺陷,分析产生缺陷的原因并改进实验方案。

第五节 纳米二氧化钛的制备及其气敏性能研究

一、实验目的

1. 了解溶胶—凝胶法制备纳米二氧化钛的基本原理。

2. 掌握溶胶—凝胶法制备纳米二氧化钛的工艺流程。

3. 了解纳米二氧化钛的粒性及其物性表征方法。

4. 掌握气体传感器的测试原理与数据分析方法。

二、实验原理

纳米粉体是指颗粒粒径介于 1~100nm 的粒子,由于颗粒尺寸的微细化,使纳米粉体在保持原物质化学性质的同时,与块体材料相比,在磁性、光吸收、热阻、化学活性、催化、气敏和熔点等方面表现出奇异的性能。

目前,合成纳米二氧化钛粉体的方法主要有液相法和气相法。由于传统的方法不能或者难以制得纳米级二氧化钛,而溶胶凝胶法则可以在低温下制备高纯度、晶粒分布均匀、化学火星大的单组分或者多组分分子级纳米催化剂,因此,本实验采用溶胶凝胶法来制备纳米级二氧化钛。主要考查溶胶凝胶法各个工艺部分对产物物相的影响,以及加热温度和气体浓度对于 TiO_2 气敏性能的影响。

(一)溶胶—凝胶法

溶胶—凝胶法(Sol-gel)是合成纳米粉体常用的方法之一,通常是指无机物或金属醇盐经过溶液、溶胶、凝胶而固化,再经热处理而成的氧化物或其他化合物固体的方法。溶胶是指微小的固体颗粒悬浮分离在液相中,并且不停地进行布朗运动的体系。根据粒子与溶剂间相互作用的强弱,通常将溶胶分为亲液型和憎液型。由于界面原子的 Gibbs 自由能比内部原子高,溶胶是热力学不稳定体系。凝胶是指胶体颗粒或高聚物分子互相交联,形成空间网状结构,在网状结构的孔隙中充满了液体(在干凝胶中的分散介质也可以是气体)的分散系。并非所有的溶胶都能转变成凝胶,凝胶能否形成的关键在于胶粒间的相互作用力是否足够强,以致克服胶粒—溶剂间的相互作用。对于热力学不稳定的溶胶,增加体系中粒子间结合所需克服的能量可使之在动力学上稳定。因此,胶粒间相互靠近或吸附聚合时,可降低体系的能量,并趋于稳定,进而形成凝胶。

溶胶—凝胶法的优点:

(1)反应温度低,反应过程易于控制。

(2)制品的均匀度和纯度高、均匀性可达分子或原子水平。

(3)化学计量准确,易于改性,掺杂范围宽(包括掺杂的量和种类)。

(4)从同一种原料出发,改变工艺过程即可获得不同的产品如粉料、薄膜、纤维等。

(5)工艺简单,不需要昂贵的设备。

(二)形成机理

以钛酸四丁酯为例来了解溶胶凝胶形成的机理。钛酸四丁酯的水解反应为分步水解,方程式为:

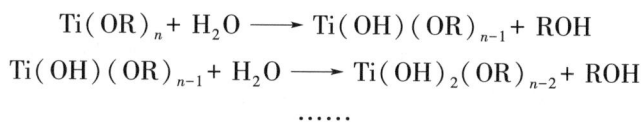

$$Ti(OR)_n + H_2O \longrightarrow Ti(OH)(OR)_{n-1} + ROH$$

$$Ti(OH)(OR)_{n-1} + H_2O \longrightarrow Ti(OH)_2(OR)_{n-2} + ROH$$

$$\cdots\cdots$$

反应持续进行,直到生成 $Ti(OH)_n$。

缩聚反应:

$$—Ti—OH + HO—Ti— \longrightarrow —Ti—O—Ti— + H_2O$$

$$—Ti—OR + HO—Ti— \longrightarrow —Ti—O—Ti— + ROH$$

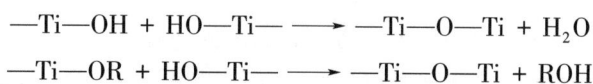

最后获得氧化物的结构和形态依赖于水解与缩聚反应的相对反应程度,当金属—氧桥—聚合物达到一定宏观尺寸时,形成网状结构从而溶胶失去流动性,即凝胶形成。

将凝胶进行干燥、研磨并煅烧处理,即可得到纳米 TiO_2 粉体材料。

(三)气体传感器

通过将外界条件如声、光、电、磁、力、热等的变化转换为可测量的信号的仪器就是传感器。其中气体传感器能够快速而准确地监控环境中的各种易燃、易爆、有害、有毒气体,因而在煤矿、国防、环境监测、工业生产等诸多领域都发挥着重要的作用。

半导体气敏传感器是利用待测气体与半导体(主要是金属氧化物)表面接触时,产生的电导率等物性变化来检测气体,其基本构成如图 5-7 所示。空气中的氧成分大体是恒定的,因而氧的吸附量也是恒定的,气敏器件的阻值大致保持不变,如果被测气体流入这种气氛中,器件表面将产生吸附作用,器件的阻值将随气体浓度而变化,从浓度与阻值的变化关系即可得知气体的浓度。同时,元件对不同气体的敏感程度是不同的。一般随气体浓度增加,元件阻值明显增大,在一定范围内呈线性关系。气体传感器的性能主要通过它的灵敏度、响应与恢复时间、选择性和稳定性等来衡量。

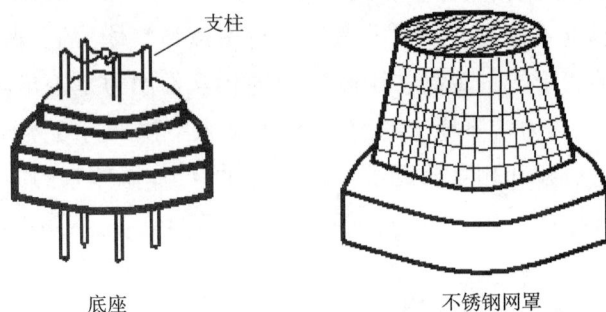

图 5-7　气敏元件

通常将电阻型气敏元件在洁净空气中的电阻值称为气敏元件的固有电阻值,用 R_a 表示。将在被测气体中的电阻值称为实测气体中元件的电阻值,用 R_g 表示。

气敏元件的灵敏度(S)是表征气敏元件对于被测气体的敏感程度的指标。它表示气体敏感元件的电参量与被测气体浓度之间的依从关系。通常是用电阻比或电压比来表示灵敏度(S):

$$S = R_a/R_g = V_a/V_g (\text{n 型半导体})$$
$$S = R_g/R_a = V_a/V_g (\text{p 型半导体})$$

R_a、V_a 分别表示气敏元件在洁净空气中的电阻值和负载电阻上的电压输出值,R_g、V_g 分别表示气敏元件在规定浓度被测气体中的电阻值和电压值。

三、仪器和试剂

(一)仪器

电磁搅拌器,离心机,恒温干燥箱,高温炉,NETZSCH 公司 STA409PC 型综合热分析仪,HI-TACHI 公司 H7650 型透射电子显微镜,气敏仪。

(二)试剂

钛酸丁酯,无水乙醇,冰醋酸(均为分析纯)。

四、实验过程

(一)物相表征方法

1. 热重/差热分析仪进行热分析

热重(TG)是检测物质在程序升温或降温过程中重量变化的方法。差热(DTA)是检测试样和参比物质在程序升温或降温过程中温度与环境温度间的温差变化的方法。采用 NETZSCH 公司 STA409PC 型综合热分析仪,以 Al_2O_3 为参比,升温速率 10℃/min,保护气(氮气)流速 10cm³/min,温度范围 25~800℃进行测试。

2. X 射线衍射(XRD)

在材料的研究中,X 射线衍射(XRD)是最常使用的结构表征工具之一。通过对样品进行 X

射线衍射测试,可以判断材料的物相归属,计算晶胞参数,并且得到晶体中原子的位置和分布等微观信息。样品处理采用压片方式将粉末样品装入平板样品架中。普通物相表征采用连续扫描方式,以 2°/min 扫速,在 3°~80°之间收集数据。

3. 透射电镜(TEM)

透射电子显微镜是以波长极短的电子束作为照明源,用电磁透镜聚焦成像的一种高分辨率、高放大倍数的电子光学仪器,是对材料结构进行表征的有力手段。样品需要先在玛瑙研钵中充分研磨,约半小时后用无水乙醇做溶剂滴入已超声洗涤过的样品瓶中,超声分散半小时,然后将涂有碳膜的铜网放入样品瓶中蘸取适量液体后迅速取出,在钠光灯下烘干放入样品盒中准备进行测试。

(二)溶胶的制备

室温下将 10mL 钛酸四丁酯缓慢倒入 35mL 无水乙醇,用磁力搅拌器强力搅拌 10min,形成黄色澄清溶液 A,将 7mL 冰醋酸加入 10mL 蒸馏水与 35mL 无水乙醇中,剧烈搅拌,得到溶液 B。再于剧烈搅拌下将已移入分液漏斗中的溶液 A 缓慢加入溶液 B 中,约 25min 滴完,滴加完毕后得到均匀透明的浅黄色溶液,继续搅拌 30min 后,40℃水浴加热,2h 后得到白色凝胶(倾斜烧瓶凝胶不动)。置于 80℃下烘干,大约 20h,得到干凝胶样品。

分别按下表数据改变溶液的用量,探索凝胶的形成条件(表 5-2)。

表 5-2 溶胶的制备

序号	1	2	3	4	5	6
钛酸四丁酯(mL)	10	10	5	5	5	5
无水乙醇(mL)	35+35	35+25	25+20	25+20	25+20	25+20
冰醋酸(mL)	7	5	3.5	4	3.5	3
蒸馏水(mL)	10	5	4.5	5	4	3.5
两溶液混合滴加时间(min)	90	60	20	25	20	35

(三)粉末的烧结

用玛瑙研磨干凝胶样品,得到干凝胶粉末,在 300℃、400℃、500℃、600℃下于高温炉中煅烧 2h 便得到 TiO_2 纳米粉体。

(四)反应产物表征

(1)将干燥后产物用 STA409PC 型综合热分析仪进行热分析,条件:氮气气氛,升温速率为 5℃/min,温度范围为室温至 600℃。

(2)将煅烧后的样品进行 XRD 分析。

(3)透射电镜(TEM)表征。利用电子显微镜拍摄的照片可以直观地观察热处理后制备的纳米二氧化钛晶粒的大小、几何形状、均匀程度、团聚程度等微观情形。

(五)气敏器件准备及测试

1. 加热丝

将待测材料 TiO_2 放在玛瑙研钵中湿研至糊状,随后将其涂在长 4mm 并有铂丝引线的氧化铝陶瓷管上,然后将镍-铬加热丝穿入氧化铝瓷管中。

2. 焊接

将铂丝和加热丝分别焊在六角管座的
相应位置上,如图5-8所示。

3. 封装

盖上防爆帽,插入测试电路板。

4. 老化

在所需工作温度下通电稳定48h。

5. 用气敏元件测试仪对其进行测试

(1)硬件系统的安装。

①将数据采集模块插入配用PC机(硬
件要求,CPU主频233以上,内存32兆以上,
VGA显卡,推荐分辨率800×600以上)空闲
的ISA插槽内,固定完好。

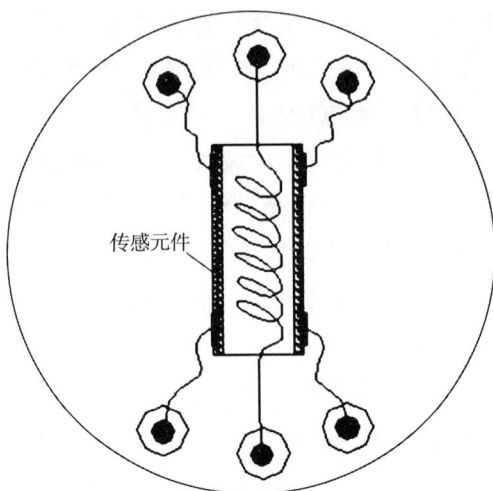

传感元件

图5-8　测试元件图

②将测试主机安放于平整稳固便于操作的工作台上,用随机附带的通信电缆连接测试主机
数据口与PC机数据采集模块数据口。

③将测试主机电源接入符合要求的电源插座内,打开面板上的电源开关,主机面板显示气
敏元件加热电压V_h,回路电压V_c,调节相应的电压调节旋钮得到所需的测试电压条件。

(2)软件系统操作。在Windows的环境之下,从"开始"按钮处打开开始菜单用鼠标点击程
序组内"汉威气敏元件测试系统"启动图标,程序就会自动启动。或在桌面上直接用鼠标双击
汉威气敏元件测试系统的图标,也可以启动程序。这时我们就可以利用汉威气敏元件测试系统
的各项功能完成相应的任务。

调节加热电压使得温度变化(340~500℃)得到灵敏度随温度变化的曲线,改变酒精的浓度
($2×10^{-5}$~$1×10^{-4}$)得到灵敏度随时间变化的曲线。

五、思考题

1. 为什么所有的仪器必须干燥?

2. 加入冰醋酸的作用是什么?

3. 为何本实验中选择钛酸正丁酯为前驱物,而不选用氯化钛为前驱物?

4. 简述TiO_2气敏测试的原理。

第六节　铝酸锶长余辉发光材料制备

一、实验目的和意义

1. 了解静长余辉材料发光的原理、影响因素以及应用领域。

2. 掌握制备长余辉材料的工艺及操作流程。

二、实验原理

长余辉发光材料是一类吸收了激发光能并将能量储存起来,光激发停止后,再把储存的能量以光的形式慢慢释放出来,并可持续较长时间的发光材料。由于这种激发吸收光(储能)—发光(余辉)—再激发—再发光过程可无限重复,和蓄电池的充电—放电—再充电—再放电的反复重复过程相似,因而又可称为蓄光型发光材料。

根据基质的不同,蓄光型发光材料主要分为硫化物体系、硫氧化物体系、碱土铝酸盐体系、碱土硅酸盐体系、钛酸盐体系和镓酸盐体系等。不同的蓄光型发光材料都各有其优缺点,但碱土铝酸盐系列发光材料因其发光效率高、余辉时间长、化学稳定性好等优点成为目前已知的长余辉发光性能非常好的蓄光型发光材料。$SrAl_2O_4$ 长余辉发光材料属于碱土铝酸盐系列发光材料,$SrAl_2O_4$ 基质点阵中引入 Eu^{2+} 和 Dy^{3+} 后产生缺陷。从而在禁带中产生深浅不同的局部能级。首先,发光体受紫外光或可见光照射获得能量,发光中心 Eu^{2+} 的基态 $4f^7$ 电子向激发态 $4f^65d^1$ 跃迁,并同时在 4f 轨道上产生一个电子空位,当激发态的电子重新跃迁回基态与空穴结合时,便产生发光。与此同时,处于价带中的电子可能从环境中获得能量并填补 4f 轨道上的空穴并在价带中留下新的空穴,该过程相当于 4f 轨道的空穴下移到价带中并导致 Eu^{2+} 变为 Eu^+。价带中的空穴在价带中迁移,然后被 Dy^{3+} 缺陷能级俘获并使 Dy^{3+} 变为 Dy^{4+}。激发源去除后,过程剧烈进行,使得环境中电子空穴急剧减少,俘获了空穴的 Dy^{4+} 开始逐渐向价带释放这些空穴。回到价带中的空穴继续迁移,当靠近 Eu^+ 的局域能级时又会被 Eu^+ 俘获并与 $4f^65d^1$ 态的电子复合释放光子形成余辉。

本实验主要以高温固相法合成 $SrAl_2O_4$ 长余辉发光材料,采用考查氧化铕、氧化镝、硼酸等因素对 $SrAl_2O_4$ 长余辉发光材料亮度的影响。通过此次实验,希望同学们能对长余辉发光的原理、长余辉材料分类、高温固相法等有一定的了解,并直观地了解温度、用料比例等工艺参数对产物性能的影响,为进一步学习提供有关知识基础,开阔学术与科研视野。

三、实验试剂和仪器

(一)试剂

碳酸锶,氧化铝,硼酸,氧化铕,氧化铈,氧化镝,活性炭(以上均为分析纯);氩气(高纯)。

(二)仪器

电子分析天平,真空/气氛管式电炉,荧光材料余辉特性测试仪,电热鼓风干燥箱。

四、实验过程

按 $SrAl_2O_4$ 的化学计量比称取 $SrCO_3$、Al_2O_3,再按照一定掺杂比例的量称量 Eu_2O_3、Dy_2O_3,同时称量一定量的 H_3BO_3 作为助溶剂,然后将它们用玛瑙研钵混合均匀,加入十滴乙醇进行研磨 30min,然后将混合物烘干,倒入坩埚中,置于管式电炉中,在 Ar 气氛下升温至 1300℃中煅烧 2h。实验流程如图 5-9 所示。

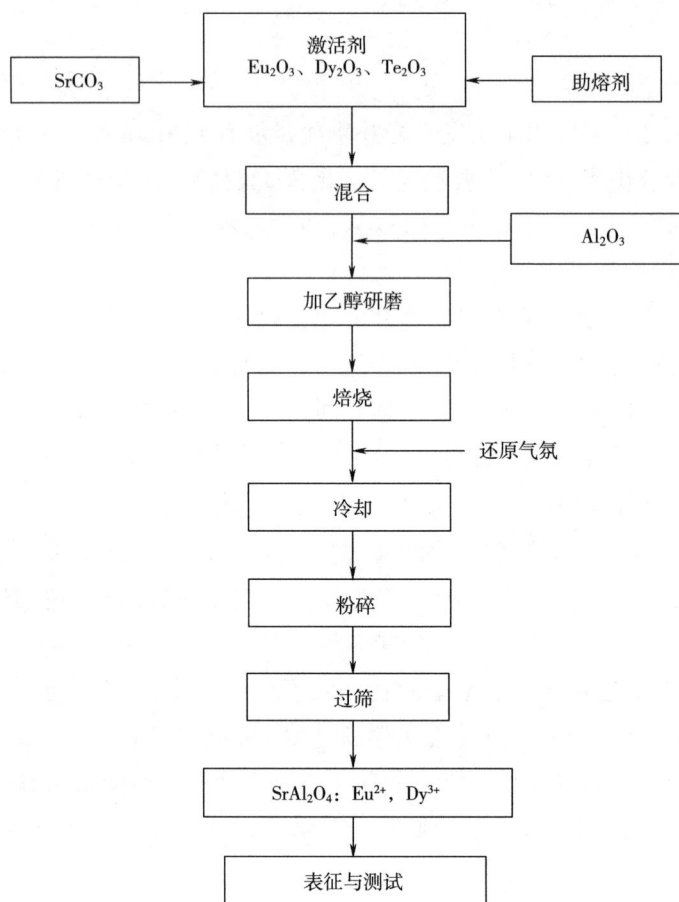

图 5-9　高温固相法制备 SrAl$_2$O$_4$ 流程图

(一)高温固相法化学反应方程式

$$SrCO_3 + Al_2O_3 \longrightarrow SrAl_2O_4 + CO_2$$

$$3SrCO_3 + Al_2O_3 \longrightarrow Sr_3Al_2O_6 + 3CO_2$$

$$Sr_3Al_2O_6 + 2Al_2O_3 \longrightarrow 3SrAl_2O_4$$

(二)烧结制度

室温 → 600℃：加热速率 5℃，温度升至 600℃后通入还原气氛氩气；

600℃ → 950℃：加热速率 5℃；

950℃ → 1300℃：加热速率 6~7℃，温度升至 1300℃后，保温 2h；

自然冷却，温度降至 500℃关还原保护气体。

(三)注意事项

(1)准确计算出实验所需各组分的质量。

(2)称取各种原料要准确，称量误差不得大于 1%，尤其是价格昂贵的稀有金属氧化物氧化铕、氧化镝。

（3）药品称取时要注意顺序,保证第一次以及最后一次称取药品是重量最多的两个。

（4）混合均匀后放入坩埚中,每组的坩埚放入还原炉中要记住各组位置,以免混淆。

（四）分组配方

本实验主要考察在长余辉发光材料中作为激发中心的 Eu_2O_3、陷阱能级的 Dy_2O_3 和助熔剂的 H_3BO_3 的掺量对发光亮度的影响（表5-3）。利用统计分析软件制定实验方案见表5-4,严格按照既定配方（表5-5）进行样品合成,再将所得的余辉亮度作为响应值反馈到软件,模拟分析出理论上最佳的工艺参数。所有样品的烧结温度均为1300℃,活性炭的使用量为样品质量的10%。

表5-3 响应面设计因素水平表

因素		水平		
		−1	0	1
荧光材料	A:氧化镝	0.0001mol	0.0002mol	0.0003mol
	B:氧化铕	0.0001mol	0.0002mol	0.0003mol
	C:硼酸	0.002mol	0.004mol	0.008mol

注 因素水平编码−1、0、1分别表示自变量的低、中、高水平。

表5-4 三因素响应面实验设计表

样品	因素1	因素2	因素3	反应
	A:氧化镝	B:氧化铕	C:硼酸	荧光粉的强度
1	1	−1	0	
2	1	0	1	
3	0	0	0	
4	1	1	0	
5	0	0	0	
6	0	−1	1	
7	0	0	0	
8	1	0	−1	
9	0	−1	−1	
10	0	1	1	
11	−1	1	0	
12	−1	0	−1	
13	0	0	0	

样品	因素 1	因素 2	因素 3	反应
	A:氧化镝	B:氧化铕	C:硼酸	荧光粉的强度
14	0	1	−1	
15	−1	0	1	
16	0	0	0	
17	−1	−1	0	

表 5-5　配料表

样品	$SrCO_3$(g)	Dy_2O_3(g)	Eu_2O_3(g)	H_3BO_3(g)	Al_2O_3(g)	活性炭(g)
1	2.8345	0.1119	0.0352	0.2473	2.0392	0.5268
2	2.8050	0.1119	0.0704	0.4946	2.0392	0.5521
3	2.8345	0.0746	0.0704	0.2473	2.0392	0.5266
4	2.7754	0.1119	0.1056	0.2473	2.0392	0.5279
5	2.8345	0.0746	0.0704	0.2473	2.0392	0.5266
6	2.8640	0.0746	0.0352	0.4946	2.0392	0.5508
7	2.8345	0.0746	0.0704	0.2473	2.0392	0.5266
8	2.8345	0.0746	0.0704	0.1237	2.0392	0.5142
9	2.8640	0.0746	0.0352	0.1237	2.0392	0.5137
10	2.8050	0.0746	0.1056	0.4946	2.0392	0.5519
11	2.8345	0.0373	0.1056	0.2473	2.0392	0.5264
12	2.8640	0.0373	0.0704	0.1237	2.0392	0.5135
13	2.8345	0.0746	0.0704	0.2473	2.0392	0.5266
14	2.8050	0.0746	0.1056	0.1237	2.0392	0.5148
15	2.8640	0.0373	0.0704	0.4946	2.0392	0.5506
16	2.8345	0.0746	0.0704	0.2473	2.0392	0.5266
17	2.8935	0.0373	0.0352	0.2473	2.0392	0.5253

五、思考题

1. 什么是长余辉发光材料？有哪些分类？

2. 影响长余辉发光材料发光性能的因素有哪些？

3. 氧化铕、氧化镝、氧化铽在长余辉发光材料制备中的作用是什么？

第七节　陶瓷结晶釉的制备与形貌观察

一、实验目的

1. 了解陶瓷釉制备的工艺过程。
2. 掌握制备结晶釉的基本原理及实验操作技术。
3. 掌握调配硅酸锌结晶釉的方法。

二、实验原理

结晶釉是特定成分的陶瓷釉料在高温下熔融后,在冷却过程中由于釉中的某些成分处于过饱和状态而析出形成晶体,这种现象是相变中非常常见的一种形式——析晶,而析晶的过程与釉熔体的冷却程度密切相关。

当熔体过冷却到析晶温度时,由于粒子动能的降低,熔体中粒子的"近程有序"排列得到了延伸,为进一步形成稳定的晶核准备了条件,这就是"核胚",也有人称为"核前群"。温度回升,核胚解体。如果继续冷却,可以形成稳定的晶核,并不断长大形成晶体。因而析晶过程是由晶核形成过程和晶粒长大过程所共同构成的。这两个过程都各自需要适当的过冷却程度,过冷却程度 ΔT 对晶核形成和长大速率的影响必有一最佳值。一方面过冷度增大,温度下降,熔体质点动能降低,粒子间吸引力相对增大,因而容易聚结和附在晶核表面上,有利于晶核形成。另一方面,由于过冷度增大,熔体黏度增加,粒子移动能力下降,不易从熔体中扩散到晶核表面,对晶核形成和长大过程都不利,尤其对晶粒长大过程影响更甚。以 ΔT 对成核和生长速率作图(图 5-10),从图中可以看出:

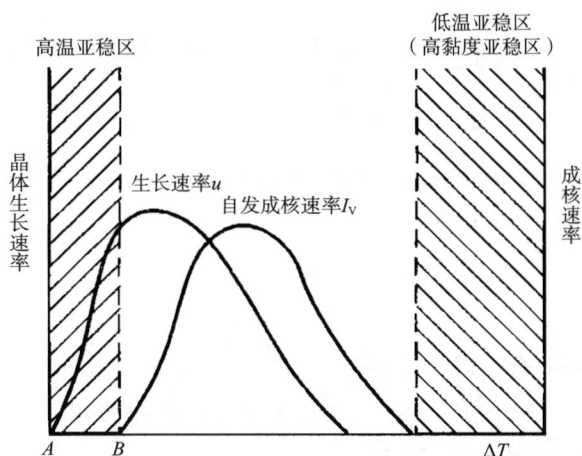

图 5-10　冷却程度对晶核生长及晶体生长速率的影响

(1)过冷度过大或过小对成核与生长速率均不利,只有在一定过冷度下才能有最大成核和生长速率。图中对应有 I_v 和 u 的两个峰值。从理论上峰值的过冷度可以用 $\partial I_v/\partial T = 0$ 和 $\partial u/\partial T = 0$ 来求得。由于 $I_v = f_1(T)$，$u = f_2(T)$，$f_1(T) \neq f_2(T)$，因此成核速率和生长速率两曲线峰值往往不重叠，而且成核速率曲线的峰值一般位于较低温度处。

（2）成核速率与晶体生长速率两曲线的重叠区通常称为析晶区。在这一区域内，两个速率都有一个较大的数值，所以很有利于析晶。

（3）图中 T_m（A 点）为熔融温度，两侧阴影区是亚稳区。高温亚稳区表示理论上应该析出晶体，而实际上却不能析晶的区域。B 点对应的温度为初始析晶温度。在 T_m 温度（相当于图中 A 点），$\Delta T \rightarrow 0$ 而 $r_k \rightarrow \infty$，此时无晶核产生。但此时如有外加成核剂，晶体仍能在成核剂上成长，因此晶体生长速率在高温亚稳区内不为零，其曲线起始于 A 点。图中右侧为低温亚稳区，在此区域内，由于速率太低，黏度过大，以致质点难以移动而无法成核与生长。在此区域内不能析晶而只能形成过冷液体——玻璃体。

（4）成核速率与晶体生长速率两曲线峰值的大小、它们的相对位置（即曲线重叠面积的大小）、亚稳区的宽狭等都是由系统本身性质所决定的，而它们又直接影响析晶过程及制品的性质。如果成核与生长曲线重叠面积大，析晶区宽，则可以用控制过冷度大小来获得数量和尺寸不等的晶体。若 ΔT 大，控制在成核率较大处析晶，则往往容易获得晶粒多而尺寸小的细晶，如搪瓷中 TiO_2 析晶；若 ΔT 小，控制在生长速率较大处析晶则容易获得晶粒少而尺寸大的粗晶，如陶瓷结晶釉中的大晶花。如果成核与生长量曲线完全分开而不重叠，则无析晶区，该熔体易形成玻璃而不易析晶；若要使其在一定过冷度下析晶，一般采用移动成核曲线的位置，使它向生长曲线靠拢。例如可以加入适当的核化剂，使成核位垒降低，用非均匀成核代替均匀成核，使两曲线重叠而容易析晶。

三、实验原料和设备

（一）原料

长石，石英，高岭土，氧化锌，玻璃粉，石灰石或方解石，白云石，氧化钴，氧化铁，氧化锰，氧化铜，氧化钛，坯泥或泥浆。

（二）设备与器具

球磨机或研钵，球磨罐，干燥箱/烘箱，压片机或石膏模，不锈钢小碗，搅拌棒，小刀等。

四、实验步骤

（一）准备工作

（1）查阅文献资料，获取合适的结晶釉配方。每个小组可以设计不同颜色的结晶釉。

（2）根据结晶釉的配方确定釉料的制备工艺参数，包括球磨时间、烘干温度、烧成温度、升温速度、保温温度、保温时间、冷却方式等。

（二）坯体制备

（1）采用干压成型时，把坯泥或泥浆在烘箱中烘干，破碎，过 60 目筛，压制成直径 40～60mm、厚度为 6～8mm 的圆片。

（2）采用注浆成型时，把泥浆浇注到圆片模具中，等泥浆中水分被石膏模吸收到泥坯脱离石膏模壁约 0.5mm 时，小心地倒出泥坯，平放在纤维板、陶板或石膏板上，置于烘箱中烘干。

（3）采用可塑成型时，将坯泥切成合适的小段，用手揉成球形，压入石膏模中，等泥坯收缩到脱离石膏模壁约 0.5mm 时，小心地倒出泥坯，平放在纤维板、陶板或石膏板上，置于烘箱中烘干。也可用一截薄壁不锈钢管，插入一块厚度为 6～8mm 的坯泥片上，直接截取出圆片泥坯出来。

烘干以后的泥坯，需要用小刀等类似工具修理毛刺等，再用湿海绵擦去泥坯表面的灰尘，同时给泥坯补水。在坯体底部刻上釉料编号。

为了便于施釉操作，可以将准备好的泥坯在电炉中素烧一遍，素烧温度为 700～750℃。

（三）釉料制备、施釉和烧成

（1）根据拟定的配方，计算出每种原料的用量。

（2）根据计算出的用量，称量每一种原料，置于不锈钢小碗中；称完后，复秤。

（3）将小碗中的料小心地倒入球磨罐中，再称量水，料水比为 1∶0.8，加入球磨罐中。

（4）将球磨罐安装到球磨机上，设定球磨时间和转速，再启动球磨机进行球磨。

（5）球磨好以后，取下球磨罐，将球磨罐中的釉浆小心地倒出来。如果在倒之前发现釉浆很容易沉淀，则加入 0.1%～0.2% 的食盐或氯化铵，搅拌均匀 1min 后，再倒出釉浆。

（6）将准备好的泥坯正面倒过来浸入釉浆中，但不要浸没泥坯，持续 5～6s，拿出坯体，翻转，等釉浆全部吸入泥坯中后，轻轻放置在托板上。

（7）检查坯体施釉情况，用小刀刮去黏附在坯体底部的釉粉。

（8）将施釉后的坯体装入电炉中，摆放整齐，按预定的烧成制度进行烧成。

对于一般的结晶釉，烧成曲线如下：

室温 → 200min → 1000℃ → 50min → 1200℃ → 10min → 1300℃ → 30min → 1300℃ → 10min → 1180℃ → 120min → 1180℃ → 自然冷却 → 室温。

（9）取出烧成的试样，用肉眼观察釉料的烧成效果，拍照记录。

五、数据记录（表 5-6）

表 5-6　数据记录表

配方编号	烧成温度	保温温度	保温时间	晶花个数	晶花大小	晶花颜色	底釉颜色

六、思考题

1. 为什么釉料配方中要加入大量的氧化锌？

2. 釉料中的高岭土起什么作用？

3. 为什么要分别设置烧成温度和保温温度？

4. 保温时间的作用是什么？与晶花大小有什么关系？

5. 晶花的颜色为什么与底釉的颜色不太一样?

第八节 超级电容器电极材料物理性能与电化学性能测试

一、实验目的

1. 掌握超级电容器电极的制备方法。

2. 掌握纽扣型超级电容器的组装工艺、流程与操作方法,理解超级电容器电极材料→电容电极→电容器件三者的内在关系。

3. 掌握电化学测试技术的基本测试原理与数据分析方法。

二、超级电容器的储能原理

双电层电容器的储能方式与传统静电电容器类似。静电电容器是由被介电物质隔开的两块导电平板材料构成,两极间施加电压时可以储存符号相反的电荷,并能以纳秒级的脉冲方式很快放出,但其电容量很小,每平方厘米仅为皮至纳法拉级,纯属一种物理电容器。器件的电容 C 为:

$$C = \frac{Q}{V} = \varepsilon \frac{A}{d} \tag{5-2}$$

式中:C——电容,F;

$\quad Q$——电量,C;

$\quad V$——施加的电压,V;

$\quad \varepsilon$——介质的介电常数;

$\quad A$——电极极板的表面积,m^2;

$\quad d$——介电层的厚度,m。

金属电极与电解质溶液接触,来自两者体相的游离电荷(离子和电子)或偶极子在库仑力或其他化学、物理作用下,必然要在电极/溶液界面重新排列。关于界面电荷的分布状态,1853年,德国物理学家 Helmholz 首次提出了双电层模型,认为界面由电极一侧的单层电子和溶液一侧的单层离子构成,形成的双电层的结构与平板电容器类似,双电层的厚度 d 为电解质离子半径。电极一侧的过剩电荷密度等于溶液一侧的过剩电荷密度,电荷密度与双电层产生的界面电位差呈正比,即:

$$C_d = \frac{\partial q}{\partial V} = \frac{\varepsilon}{4\pi d} \tag{5-3}$$

单位面积双电层微分电容 C_d 为:

$$\frac{1}{C_d} = \frac{1}{C_H} = \frac{1}{C_G} \tag{5-4}$$

事实上 C_d 并不是常数,它随电位、电解质浓度而改变,双电层也不能简单地以一个平板电容器模型表示。Helmholz 模型仅仅考虑了静电引力,而忽略了离子热运动的影响。随后 Gony、Chapman、Stern 和 Grahame 对 Helmholz 模型进行了一些改进。在考虑了离子的热运动后,认为双电层由内层紧密层和外层分散层构成,双电层电容 C_d 由紧密层电容 C_H 和分散层电容 C_G 串联而成,即式(5-4)。

但在较低的电解质溶液中,特别是在界面电位差较大的情况下,分散层电容 C_G 很大,双电层电容 C_d 近似等于 C_H。因此,双电层电容器可近似以非常简单的 Helmholz 模型来表示。

如公式所示,类似于平板电容器电容的双电层电容与双电层的厚度呈反比。在较浓的强电解质溶液中,双电层的厚度仅为几个埃(Å),因而利用双电层储存能量的方式可以获得比常规平板电容器容量大得多的储能器件。如图 5-11 所示为双电层电容器的工作原理。

图 5-11　双电层电容器的示意图(充电状态)

双电层电容器由两个插入电解液中的极化电极构成,极化电极包括活性电极材料(如活性炭)和集流体,电解液采用固体或液体电解液。双电层电容器通常没有正、负极性,其工作时的电化学过程可以写成:

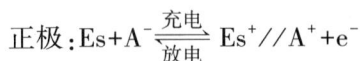

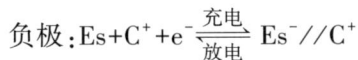

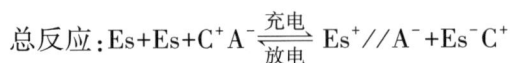

$$正极:Es+A^- \xrightleftharpoons[放电]{充电} Es^+//A^-+e^-$$

$$负极:Es+C^++e^- \xrightleftharpoons[放电]{充电} Es^-//C^+$$

$$总反应:Es+Es+C^+A^- \xrightleftharpoons[放电]{充电} Es^+//A^-+Es^-C^+$$

式中:Es——电极表面;

　　//——双电层;

　　C^+、A^-——电解液中的正、负离子。

如图 5-11 所示,对电容器施加不使电解液分解的电压,在极化电极和电解液不同相间的极短距离内,电荷重新分布排列,带正电荷的正极会吸引溶液中的负离子,负极吸引正离子,形成双电层,在电极/电解液界面存储电荷,但电荷不通过界面转移,该过程的电流主要是电荷重排产生的位移电流。能量以电荷或浓聚的电子存储在电极表面,充电是电子通过外电源从正极传到负极,同时电解液本体中的正负离子分开并移动到电极表面;放电时电子通过负载从负极流到正极,正负离子则从电极表面释放并移动返回电解液本体中。

根据式(5-4),双电层电容器单电极电容量可表达为:

$$C = \int \frac{\varepsilon}{4\pi d} dS \tag{5-5}$$

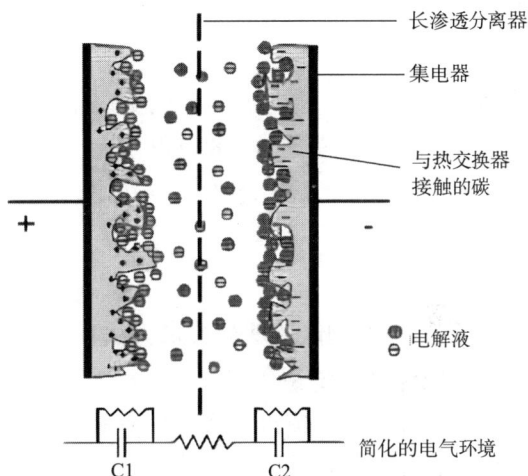

式中:S——形成双电层的电极实际表面。

由于每一单元电容器有两个电极,可视为两个串联的电容器,故双电层电容器储存的电量 Q 与电极间的电压 V 和电容量之间有如下关系:

$$Q = \frac{1}{2}CV \tag{5-6}$$

电容量存储的能量 E 为:

$$E = QV = \frac{1}{2}CV \tag{5-7}$$

显然,为了使双电层电容器存储更多电荷,要求极化电极具有尽可能大的电解质离子可及表面积,从而形成更大面积的双电层。为不断改善双电层电容器的性能,人们从提高电容器的电容量、降低等效串联电阻和漏电流出发,研究双电层电容器的电极材料、电极组成和电解液。

三、电化学性能测试原理与技术方法

(一)恒电流充放电法

采用恒电流方式对模拟电池进行充放电实验,研究电容器的充放电行为和循环性能。测试仪器为蓝电电性能测试仪(CT2001A 系列)。该电池测试仪的量程 $0 \sim 10$ mA,电流误差小于 $\pm 0.1\%$,电压测量误差小于 $\pm 0.05\%$,时间测量精度小于 ± 1s,数据采集均由计算机完成,充放电过程在室温下进行。电池电极材料的比容量根据下式计算:

$$Q = \frac{It}{m} \tag{5-8}$$

式中:Q——比容量,mA·h/g;

$\quad I$——放电电流,A;

$\quad t$——放电时间,s;

$\quad m$——电池单电极的活性物质,g。

(二)循环伏安法

循环伏安法(cyclic voltammetry)是将循环变化的电压施加于工作电极和参比电极之间,记录工作电极上得到的电流与施加电压的关系。如以等腰三角形的脉冲电压加在工作电极上,得到的电流电压曲线包括两个分支,如果前半部分电位向阴极方向扫描,电活性物质在电极上还原,产生还原波,那么后半部分电位向阳极方向扫描时,还原产物又会重新在电极上氧化,产生氧化波。因此一次三角波扫描,完成一个还原和氧化过程的循环,故该法称为循环伏安法,其电流—电压曲线称为循环伏安图。

(三)交流阻抗法

交流阻抗法是电化学测试技术中一个十分重要的方法,是研究电极过程动力学和界面反应的重要手段。本实验采用的交流阻抗法是指小幅正弦波交流阻抗法。其基本方法是控制电极

交流电位按正弦波规律随时间变化,与此同时直接测量电极的交流阻抗。根据交流阻抗的变化规律,便可获得电极的许多电化学性能参数。

四、实验原料及仪器

(一)原料

电极材料:活性炭;其他试剂:丁苯橡胶乳液(SBR)、羟甲基纤维素钠(CMC)、导电剂、有机电解液、隔膜。

(二)实验仪器

强力搅拌器、涂布机、滚压机、手套箱、冲片机、封口机、LAND CT2001A 型电池测试仪、CHI660 型电化学综合分析仪等。

五、实验步骤

超级电容器的主要制备过程:备料→混料→调浆→涂膜→低温干燥→压膜→冲片→高温干燥→称量质量→转移至手套箱→组装→封口。

将活性物质与导电炭黑、黏结剂(SBR+CMC)按 0.80∶0.10∶0.10 的比例混合,加入适量蒸馏水,混合均匀后,涂在腐蚀铝箔上,在 70℃ 干燥约 2h,经滚压机滚压后,冲出 ϕ13mm 电极片,干燥后得到有机体系超级电容器的工作电极。

依次在电池壳小盖内加入炭电极、隔膜、炭电极、电解液、垫片、弹簧片、垫圈,再滴加几滴有机电解液后盖上电池壳大盖。将组装好的纽扣电容器在封口机上经压制密封制得 R2430 型纽扣电容器,如图 5-12 所示。纽扣电容器的整个组装过程在氩气保护的干燥手套箱中进行。

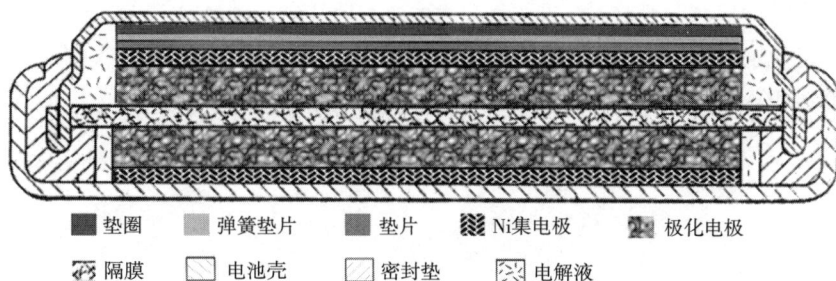

图例				
■ 垫圈	▨ 弹簧垫片	□ 垫片	▩ Ni集电极	▨ 极化电极
▨ 隔膜	▨ 电池壳	□ 密封垫	▨ 电解液	

图 5-12　纽扣型超级电容器的断面结构示意图

利用武汉金诺电源有限公司生产的 LAND CT2001A 型电池测试仪,采用恒电流方式对纽扣电容器进行充放电实验,研究纽扣电容器的充放电行为和循环性能。该电池测试仪的量程为 0~100mA,电流误差小于±0.1%,电压测量误差小于±0.05%,时间测量精度小于±1s,数据采集均由计算机完成,充放电过程在室温下进行。

循环伏安测试:实验中使用上海辰华仪器公司生产的 CHI660 型电化学综合分析仪,电位范围为±10V,电流范围为±250mA,电流测量下限低于 50pA,数据由计算机采集,采集速率为

500kHz。实验中采用的扫描范围为 0~3.0V,扫描速率为 0.05mV/s。

六、思考题

超级电容器的功率性能与能量密度受哪些因素影响? 可提高上述性能的途径有哪些?

参考文献

[1] 金迪. 金相实验技术在金属材料研究中的应用[J]. 科技视界,2015,13(2):199-203.

[2] 刘旭燕,潘登. 材料科学基础的教学改革与实践[J]. 亚太教育,2016,24(1):53-56.

[3] 阳生红,张日理,欧阳红群. 碳钢热处理及金相实验的点滴体会[J]. 实验室科学,2009,4:108-112.

[4] 王瑞生. 无机非金属材料实验教程[M]. 北京:冶金工业出版社,2004.

[5] 黄勇. 陶瓷新型胶态成型工艺[M]. 北京:清华大学出版社,2010.

[6] 张立德,牟季美. 纳米材料和纳米结构[M]. 北京:科学出版社,2011.

[7] HARIZANOV O,INVANOVA T,HARIZANOVA A. Study of sol-gel TiO_2 and TiO_2-MnO obtained from a peptized solution[J]. Materials Letters,2001,49 (3-4):165-171.

[8] 王富耻. 材料现代分析测试方法[M]. 北京:北京理工大学出版社,2006.

[9] 黄剑锋. 溶胶—凝胶原理与技术[M]. 北京:化学工业出版社,2005.

[10] 李爱东,刘建国. 先进材料合成与制备技术[M]. 北京:科学出版社,2014.

[11] 栾林,郭崇峰,黄德修. 锶铝比例对铝酸锶长余辉发光材料性能的影响[J]. 无机材料学报,2009,24 (1):53-56.

[12] 樊国栋,肖国平. $SrAl_2O_4:Eu^{2+}$,Dy^{3+},Pr^{3+}纳米长余辉发光材料的制备与表征[J]. 硅酸盐学报, 2011,39(2):199-203.

[13] 吕兴栋. 铝酸鳃长余辉发光材料的超细粉体制备、构效关系及其应用研究[D]. 长沙:中南大学,2005.

[14] 张玉春. 艺术釉[M]. 北京:轻工业出版社,1976.

[15] 胡守真. 陶瓷结晶釉[M]. 北京:轻工业出版社,1981.

[16] 邹允勇. 谈《金相实验》教学方法[J]. 海南矿冶,1999,4:207-211.

第六章 生物材料综合实验

细胞培养应包括动物和植物的细胞培养。本章第一节到第四节中以第一节 L929 小鼠成纤维细胞为例,仅探讨动物的细胞培养,简称细胞培养。其含义是从动物活体体内取出组织,在模拟体内生理环境等特定的体外条件下,进行孵育培养,使之生存并增殖。

体外培养的细胞,按其生长方式可分为贴壁型和悬浮型两大类。悬浮型在悬浮状态下即可生长,无须黏附于支持物表面,多见于各种造血系统肿瘤细胞;贴壁型必须贴附于支持物表面才能生长,多见于各种实体瘤细胞。

每代贴壁细胞生长过程如图 6-1 所示。

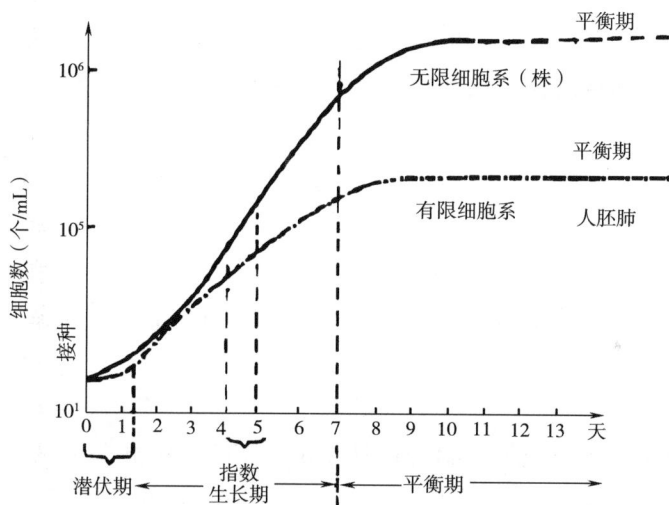

图 6-1　每代贴壁细胞生长过程

(1)迟缓期(或潜伏期)。当细胞接种到培养瓶后,细胞逐渐贴附于瓶底,并恢复贴壁形状,代谢开始旺盛,出现细胞分裂及增殖,但生长缓慢。

(2)指数生长期。几乎所有的细胞都在进行分裂,细胞数目迅速增长。其细胞倍增时间(TD)等于细胞周期时间(TC)长度。这一期常用细胞倍增时间及细胞分裂指数来判定。

(3)平衡期(平坦期)。细胞数目虽然在增加,但其增加速度在减慢,直至细胞数量不再增加,处于平衡状态。

第一节　细胞培养室的设备与仪器操作

一、实验目的

1. 掌握动物细胞培养相关设备、器材的使用方法。
2. 学会各类器皿、工具的清洗、包装、灭菌方法。
3. 理解无菌操作的概念。

二、实验原理

离体条件下的细胞对任何有害物质均十分敏感,极少的残留物都可能对细胞产生毒副作用,因此,新的或重新使用的器皿都必须认真清洗,以达到不含任何残留物的要求。而玻璃、橡胶、塑料、布类、纸类等不同类型的材料应采用不同的清洗和消毒、灭菌方法。

细胞培养失败的一个常见原因是微生物污染,有时是操作过程中不规范造成的,有时则是相关用品本身有污染造成的,因此在培养细胞前各种用品均需要进行严格消毒或灭菌。

三、实验内容

(一) 常用设备

1. 准备室的设备

超纯水装置、酸缸、电热鼓风干燥箱、高压锅、储品柜(放置未消毒物品)、储品柜(放置消毒过的物品)、包装台。

2. 配液室的设备

扭力天平和电子天平(称量药品)、pH 计(测量培养用液 pH)、磁力搅拌器(配置溶液室搅拌溶液)。

3. 培养室的设备

液氮罐、储品柜(存放杂物)、日光灯和紫外灯、空气净化器系统、低温冰箱(-80℃)、空调、二氧化碳缸瓶、边台(书写实验记录)。

4. 必须放在无菌间的设备

离心机(收集细胞)、超净工作台、倒置显微镜、CO_2 孵箱(孵育培养物)、水浴锅、4℃ 冰箱(放置 serum 和培养用液)。

(二) 实验室污染及防护

1. 污染物类型

(1)容易发现。细菌(形状、尺寸、不均一、流动)、酵母(出芽生殖)、真菌(形成小克隆)。

(2)不容易发现。有毒的化学药品、病毒、昆虫、支原体、其他细胞系及可能购买的血清的质量不好,里面携带病毒。

①支原体。支原体尺寸为 $0.2 \sim 0.3 \mu m$,没有细胞壁,从显微镜下观察不到,含量达到

108mL 时,培养基仍然是干净的。支原体不能使细胞立即死亡,但是细胞的形态和生长情况非常差,造成实验数据的错误。

②交叉细胞系。HeLa 细胞系的污染率最高。

2. 无菌操作的建议

(1)测试实验室是否是无菌的。

(2)对细胞做无支原体实验。

(3)将用到的所有液体试剂分装。

(4)一株细胞系不要传代太多次。

(5)尽量不要更换不同的培养基培养一株细胞,不能同时操作两个细胞系。

(6)抗生素合理利用(最好不用)。

(7)滴管只能用一次或者移取相同的液体,滴管头不能触碰到废液缸。

(8)尽量避免说话,唾液中的细菌很多。

(9)操作的过程中尽量避免人在工作区域走动。

(10)保持实验服干净,头发是很重要的污染源。

(11)实验室不允许有植物。

(12)酿酒和做面包的 48h 内不允许进行细胞实验(接触微生物活菌 48h 内最好不要做细胞实验)。

(三)器械的清洗和消毒

1. 玻璃器械洗消

(1)新玻璃器皿的洗消。

①自来水刷洗,除去灰尘。

②烘干、泡盐酸。烤箱中烘干,然后浸入 5%稀盐酸中 12h 以除去脏物、铅、砷等物。

③刷洗、烘干。12h 后立即用自来水冲洗,再用洗涤剂刷洗,自来水冲干净后用烤箱烘干。

④泡酸、清洗。用清洁液(重铬酸钾 120g:浓硫酸 200mL:蒸馏水 1000mL)浸泡 12h,然后从酸缸内捞出器皿用自来水冲洗 15 次,最后蒸馏水冲洗 3~5 次和用双蒸水过 3 次。

⑤烘干、包装。洗干净后先烘干,然后用牛皮纸(油光纸)包装。

⑥高压消毒。包装好的器皿装入高压锅内盖好盖子,打开开关和安全阀,当蒸气呈直线上升时,关闭安全阀,当指针指向 15 磅时,维持 20~30min。

⑦高压消毒后烘干。

(2)旧玻璃器皿的洗消。

①刷洗、烘干。使用过的玻璃器皿可直接泡入来苏尔液或洗涤剂溶液中,泡过来苏尔溶液(洗涤剂)的器皿要用清水刷洗干净,然后烘干。

②泡酸、清洗。烘干后泡入清洁液(酸液),12h 后从酸缸内捞出器皿立即用自来水冲洗(避免蛋白质干涸后黏附于玻璃上难以清洗),再用蒸馏水冲洗 3 次。

③烘干、包装。洗干净的器皿烘干后取出用牛皮纸(油光纸)等包装,以便于消毒储存及防

止灰尘和再次被污染。

④高压消毒。包装好的器皿装入高压锅内,盖好盖子,打开开关和安全阀,随着温度的上升安全阀冒出蒸气,当蒸气成直线冒出 3~5min 后,关闭安全阀,气压表指数随之上升,当指针指向 15 磅时,调节电开关维持 20~30min 即可(玻璃培养瓶消毒前可将胶帽轻轻盖上)。

⑤烘干备用。因为高压消毒后器皿会被蒸气打湿,所以要放入烤箱内烘干备用。

2. 金属器械洗消

金属器皿不能泡酸,洗消时可先用洗涤剂刷洗,后用自来水冲干净,然后用 75% 酒精擦拭,再用自来水,然后用蒸馏水冲洗,再烘干或空气中晾干。放入铝制盒内包装好在高压锅内 15 磅高压(30min)消毒,再烘干备用。

3. 橡胶和塑料制品洗消

橡胶和塑料制品通常处理方法是:先用洗涤剂洗刷干净,再分别用自来水和蒸馏水冲干净,再用烤箱烘干,然后根据不同品质进行如下的处理程序。

(1)针式滤器帽不能泡酸液,用 NaOH 泡 6~12h,或者煮沸 20min,在包装之前要装好滤膜两张,安装滤膜时注意光面朝上(凹向上),然后将螺旋稍微拧松一些,放入铝盒中在高压锅内 15 磅 30min 消毒,再烘干备用。注意在超净台内取出使用时应该立即将螺旋旋紧。

(2)胶塞烘干后用质量分数为 2% 氢氧化钠溶液煮沸 30min(用过的胶塞只要用沸水处理 30min),自来水洗净,烘干。然后泡入盐酸液 30min,再用自来水,蒸馏水,三蒸水洗净,烘干。最后装入铝盒内高压消毒,烘干备用。

(3)胶帽,离心管帽烘干后只能在 2% 氢氧化钠溶液中浸泡 6~12h(切记时间不能过长),自来水洗净,烘干。然后泡入盐酸液 30min,再用自来水,蒸馏水,三蒸水洗净,烘干。最后装入铝盒内高压消毒,烘干备用。

(4)胶头可用 75% 酒精浸泡 5min,然后紫外照射后使用即可。

(5)塑料培养瓶,培养板,冻存管。

(6)其他消毒方法。有的物品既不能干燥消毒,又不能蒸气消毒,可用 70% 酒精浸泡消毒。塑料培养皿打开盖子,放在超净台台面上,直接暴露在紫外线下消毒。也可用氧化乙烯消毒塑料制品,消毒后需要用 2~3 周时间洗除残留的氧化乙烯。用 20000~100000rad 的 γ 射线消毒塑料制品效果最好。为了防止清洗器材已消毒与未消毒发生混淆,可在纸包装后,用密写墨水做好标记。其法即用沾水笔或毛笔沾以密写墨水,在包装纸上做一记号,平时这种墨水不带痕迹,一经高温,即出现字迹,从而可以判定它们是否消毒。密写墨水的配制:氯化钴($CoCl_2 \cdot 6H_2O$)2g,30% 盐酸 10mL,蒸馏水 88mL。

4. 注意事项

(1)严格执行高压锅的操作规程。高压消毒时,先检查锅内是否有蒸馏水,以防高压时烧干,水不能过多因为其将使空气流畅受阻,会降低高压消毒效果。检查安全阀是否通畅,以防高压时爆炸。

(2)注意人体的防护和器皿的完全浸泡。

①泡酸时要戴耐酸手套,防止酸液溅起伤害人体。

②从酸缸内捞取器皿时防止酸液溅到地面,会腐蚀地面。

③器皿浸入酸液中要完全,不能留有气泡,以防止泡酸不彻底。

(四)无菌操作

1. 无菌室的灭菌

(1)定期打扫无菌室。每周打扫一次,先用自来水拖地、擦桌子、超净工作台等,然后用3%来苏尔或新洁尔灭或0.5%过氧乙酸擦拭。

(2)CO_2孵箱(培养箱)灭菌。先用3%新洁尔灭擦拭,然后用75%酒精擦拭或者0.5%过氧乙酸,再用紫外灯照射;或使用培养箱灭菌程序定期灭菌。

(3)实验前灭菌。打开紫外灯、三氧杀菌机、空气净化器系统各20~30min。

(4)实验后灭菌。用75%酒精(3%新洁尔灭)擦拭超净台、边台、倒置显微镜的载物台。

(5)实验室及实验服可过夜紫外照射。

2. 实验人员的无菌准备

(1)肥皂洗手。

(2)穿好隔离衣、戴好隔离帽、口罩、放好拖鞋。

(3)用75%酒精棉球擦净双手。

3. 无菌操作的演示

(1)凡是带入超净工作台内的酒精、PBS、培养基、胰蛋白酶的瓶子均要用75%酒精擦拭瓶子的外表面。

(2)靠近酒精灯火焰操作。

(3)器皿使用前必须过火灭菌。

(4)继续使用的器皿(如瓶盖、滴管)要放在高处,使用时仍要过火。

(5)各种操作要靠近酒精灯,动作要轻、准确,不能乱碰。如吸管不能碰到废液缸。

(6)吸取两种以上的使用液时要注意更换吸管,防止交叉污染。

四、思考题

1. 简述无菌操作的重要性。

2. 细胞培养用玻璃器皿如何清洗及消毒?

第二节　L929 细胞观察及活力测定

一、实验目的

1. 学习掌握染色法鉴别细胞的生死状态的原理及方法。

2. 学习使用血球计数板对细胞总数及活细胞数进行计数。

二、实验原理

(一)细胞活力检测

倒置显微镜是组织培养实验中最重要的工具之一,将培养物放在显微镜的载物台上,打开电源,选择合适的镜头,聚焦于标本上,可以观察体外培养的细胞。

体外培养细胞根据它们在培养器皿是否能贴附于支持物上生长特征,可分为贴附型生长和悬浮型生长两大类。贴附型细胞在培养时能贴附在支持物表面生长。如羊水细胞为贴附型细胞,常表现为成纤维型细胞和上皮细胞生长。悬浮型细胞在培养中悬浮生长。

培养细胞随贴附支持物形状不同而形态各异,较常见的是贴附于平面支持物细胞。在一般光镜下生存中的细胞是均质而透明的,结构不明显。细胞在生长期常有 1~2 个核仁在细胞机能状态不良时,细胞轮廓会增强,反差增大。若胞质中时而出现颗粒、脱滴和腔泡等,表明细胞代谢不良。

活细胞的细胞膜是一种选择性膜,对细胞起保护和屏障作用,只允许物质选择性地通过;而细胞死后,细胞膜受损,其通透性增加。基于此,发展出了以台盼蓝、伊红、苯胺黑、赤藓红、甲基蓝以及荧光染料碘化丙啶或溴化乙啶等为染料鉴别细胞生死状态的方法,上述染料能使死亡细胞着色,而活细胞不被着色。此外,应用植物质壁分离的性质也可鉴定植物细胞的生死状态。活细胞的原生质具有选择透过性,死细胞因其原生质的选择透过性已遭破坏,故与高渗透压溶液接触时不产生质壁分离。在细胞群体中总有一些因各种原因而死亡的细胞,总细胞中活细胞所占的百分比叫作细胞活力,从组织中分离细胞一般也要检查活力,以了解分离的过程对细胞是否有损伤作用。复苏后的细胞也要检查活力,了解冻存和复苏的效果。

用台盼蓝染细胞,死细胞着色,活细胞不着色,从而可以区分死细胞与活细胞。利用细胞内某些酶与特定的试剂发生显色反应,也可测定细胞相对数和相对活力。

(二)活细胞计数

培养的细胞在一般条件下要求有一定的密度才能生长良好,所以要进行细胞计数。计数结果以每毫升细胞数表示。细胞计数的原理和方法与血细胞计数相同。

血球计数板是一块特制的厚载玻片,载玻片上有 4 条槽并构成 3 个平台。中间的平台较宽,其中间又被一段横槽分隔成两半,每个半边上面各有一个方格网(图 6-2)。每个方格网共分 9 大格,其中间的一大格(又称为计数室)常被用作微生物的计数。计数室的刻度有两种:一种是大方格分为 16 个中方格,而每个中方格又分成 25 个小方格;另一种是一个大方格分成 25 个中方格,而每个中方格又分成 16 个小方格。但是不管计数室是哪一种构造,它们都有一个共同特点,即每个大方格都由 400 个小方格组成(图 6-2)每个大方格边长为 1mm,则每一大方格的面积为 $1mm^2$,每个小方格的面积为 $1/400mm^2$,盖上盖玻片后,盖玻片与计数室底部之间的高度为 0.1mm,所以每个计数室(大方格)的体积为 $0.1mm^3$,每个小方格的体积为 $1/4000mm^3$。使用血球计数板直接计数时,先要测定每个小方格(或中方格)中微生物的数量,再换算成每毫升菌液(或每克样品)中微生物细胞的数量。

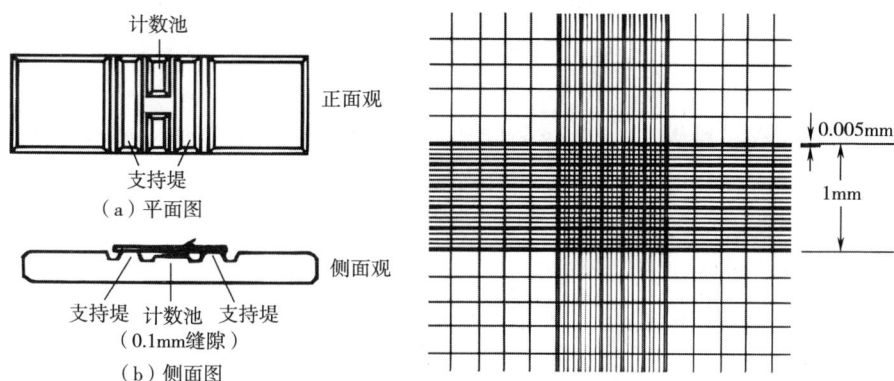

图 6-2　血球计数板的构造及血球计数板网格的分区和分格

三、实验材料、用品

(一)仪器与用品

普通显微镜、血球计数板、吸管、倒置显微镜、酒精灯、酒精棉球、碘酒棉球、试管架、标记笔。

(二)试剂

0.4%台盼蓝、0.5%四甲基偶氮唑盐(MTT)、酸化异丙醇。

(三)材料

细胞悬液。

四、实验步骤

(一)倒置显微镜的使用

(1)确保显微镜清洁(用75%乙醇擦拭载物台,如果有必要,用擦镜纸清洁物镜)。

(2)打开电源,将灯光强度从最低开始,调至合适的强度,而不是直接打到强光。

(3)检查光源与聚光器的连接。

(4)将相差环调至中央。

(5)检查细胞,室温时将培养瓶置于倒置显微镜下观察。

(6)检查培养基的清亮程度(例如,无碎片、漂浮的颗粒、污染迹象等),根据需要选择一个放大倍数更高的物镜。

①记录生长状态(例如,稀少、亚汇合、汇合、细胞排列紧密)。

②记录细胞状态(例如,清亮、透明或有颗粒、有空泡等)。

③记录观察的结果。

(7)选低变阻器,关掉电源。

(8)将培养液放回孵箱或放在超净台上。

(二)活细胞计数(用普通显微镜)

1. 细胞悬液制备

(1)将生长有贴壁型细胞的培养瓶(皿)中的培养液倒入干净试管中,向培养瓶(皿)中加入

0.25%胰蛋白酶/0.02%EDTA 混合消化液 1~2mL,静置 3~5min,待见到细胞变圆,彼此不连接为止,弃去混合消化液并将上述试管中的培养液倒回培养瓶中,用滴管轻轻吹打细胞,制成细胞悬液。

(2)4%台盼蓝贮存液配置。称取 2g 台盼蓝,加少量蒸馏水研磨,然后加双蒸水至 50mL,用滤纸过滤后,4℃保存。使用时用 PBS 缓冲液稀释成 0.4%的浓度。

(3)染色制片。取 0.5mL 细胞悬液放于干净的试管中,加 1~2 滴(约 0.1mL)染液,混合,2min 后制成临时装片,镜检。

(4)染色结果。死细胞染成蓝色,活细胞不着色。

2. 血球计数板计数

(1)将血球计数板及盖片用擦拭干净,并将盖片盖在计数板上。

(2)将细胞悬液吸出少许,滴加在盖片边缘,使悬液充满盖片和计数板之间。

(3)静置 3min。

(4)镜下观察,计算计数板四大格细胞总数,压线细胞只计左侧和上方的。然后按下式计算:

$$细胞数(个/mL) = 4 大格细胞总数 /4 × 10000 \tag{6-1}$$

注意:镜下偶见由两个以上细胞组成的细胞团,应按单个细胞计算,若细胞团占 10%以上,说明分散不好,需重新制备细胞悬液。

五、注意事项

(一) 观察体外培养细胞

细胞培养 24h 后,即可进行观察,观察的重点如下:

(1)首先要观察培养细胞是否污染。主要观察培养液颜色的变化及浑浊度。

(2)观察培养基颜色变化及细胞是否生长。

(3)如细胞已生长,则要观察细胞的形态特征并判断其所处的生长阶段。观察时可参照(2)的描述进行。

(4)观察完毕,可用台盼蓝染液对细胞进行染色。以确定死、活细胞的比例。

(二) 细胞的生长阶段及其形态特征

1. 游离期

当细胞经消化分散成单个细胞后,由于细胞原生质的收缩相表面张力以及细胞膜的弹性。所以,此时细胞多为圆形,折光率高,此期可延续数小时。

2. 吸附期(贴壁)

由于细胞的附壁特性,细胞悬液静置培养一段时间(7~8h)后,便附着在瓶壁上(此期不同细胞所需时间不同)。在显微镜下观察时可见瓶壁上有各种形态的细胞,如圆形、扁形、短菱形。细胞的特点,大多立体感强,细胞内颗粒少,透明。

3. 繁殖期

培养 12h 以后直到 72h,细胞进入繁殖期,加速了细胞生长和分裂。此期包括由几个细胞形成的细胞岛(即由少数细胞紧密聚集而呈现的孤立细胞群,常散在地分布在瓶壁上),到细胞铺满整个瓶壁(即所谓形成细胞单层)的过程。此期细胞形态为多角形(呈现上皮样细胞的特征)。细胞特点:透明,颗粒较少,细胞间界限清楚,并可隐约见到细胞核。

4. 维持期

当细胞形成良好单层后,细胞的生长与分裂都减缓,并逐渐停止生长,这种现象被称为细胞生长的接触抑制。此时细胞界限逐渐模糊,细胞内颗粒逐渐增多,且透明度降低,立体感较差。由于代谢产物的不断积累,维持液逐渐变酸。此时营养液已变为橙黄色或黄色。

5. 衰退期

由于溶液中营养的减少和日龄的增长,以及代谢产物的累积等因素,此时细胞间可出现空隙,细胞中颗粒进一步增多,透明度更低,立体感很差。若将细胞经固定染色处理后,可见细胞中有大而多的脂肪滴及液泡。最后,细胞皱缩,逐渐死亡,从瓶壁上脱落下来。

六、思考题

1. 简述使用倒置显微镜的注意事项有哪些?
2. 细胞生长分为哪几个阶段? 每阶段的细胞形态具有哪些特征?

第三节 传代细胞培养

一、实验目的

1. 理解动物细胞传代培养的目的和意义。
2. 学习掌握细胞的传代培养的基本操作过程。

二、实验原理

细胞在培养瓶长成致密单层后,已基本上饱和,为使细胞能继续生长,同时也将细胞数量扩大,就必须进行传代(再培养)。传代培养也是一种将细胞种保存下去的方法。同时也是利用培养细胞进行各种实验的必经过程。悬浮型细胞直接分瓶就可以,而贴壁细胞需经消化后才能分瓶。

三、实验材料和试剂

(一)细胞
培养两周的贴壁细胞株。

(二)试剂
胰酶、EMDM(含小牛血清和青霉素链霉素双抗)、PBS液、75%酒精。

(三)器材
培养箱、250mL玻璃螺口培养瓶18支、移液枪、枪头、废液缸等。

四、操作步骤

（1）吸除培养瓶内旧培养液。

（2）向瓶内加入适量消化液，以能覆满瓶底为限，轻轻晃动培养瓶，使消化液流遍所有细胞表面。

（3）置温箱中 2~5min，放置显微镜下观察，当发现细胞质回缩，细胞间隙增大后，立即终止消化。

（4）吸除消化液，向瓶内注入 PBS 液数毫升，轻轻转动培养瓶，把残余消化液冲掉。注意加 PBS 液冲洗细胞时，动作要轻，以免把已松动的细胞冲掉流失，如用胰蛋白酶液单独消化，吸除胰蛋白酶液后，可不用 PBS 液冲洗，直接加入培养液终止消化。

（5）用移液枪吸取 DMEM 培养基轻轻反复吹打瓶壁细胞，吹打过程要顺序进行从培养瓶底部一边开始到另一边结束，以确保所有底部都被吹到，吹打时动作要轻柔，不要过猛，同时尽可能不要出现泡沫，这些对细胞都有损伤，使之从瓶壁脱离形成细胞悬液。

（6）计数板计数后，把细胞悬液分成等份分装入数个培养瓶中，置温箱中培养。

五、传代培养的细胞观察

方法步骤同第六章第二节"五、注意事项（一）观察体外培养细胞"。

六、注意事项

（1）操作前要洗手，进入超净台后手要用 75% 酒精或 0.2% 新洁尔灭擦拭。试剂等瓶口也要擦拭。

（2）点燃酒精灯，操作在火焰附近进行，耐热物品要经常在火焰上烧灼，金属器械烧灼时间不能太长，以免退火，并冷却后才能夹取组织，吸取过营养液的用具不能再烧灼，以免烧焦形成炭膜。

（3）操作动作要准确敏捷，但又不能太快，以防空气流动，增加污染机会。

（4）不能用手触已消毒器皿的工作部分，工作台面上用品要布局合理。

（5）瓶子开口后要尽量保持 45℃ 斜位。

（6）吸溶液的吸管等不能混用。

七、思考题

1. 简述细胞传代培养的注意事项有哪些？

2. 如何正确使用移液枪？

第四节 细胞冻存与复苏

一、实验目的

1. 了解细胞冻存及复苏的原理。

2. 学习掌握细胞冻存及复苏的常规操作。

二、实验原理

冻存细胞时要缓慢冷冻。在细胞冻存时要尽可能地均匀地减少细胞内水分,减少细胞内冰晶的形成是减少细胞损伤的关键。目前多采用甘油或二甲基亚砜作保护剂。这两种物质在深低温冷冻后对细胞无明显毒性,分子量小,溶解度大,易穿透细胞,可以使冰点下降,提高胞膜对水的通透性;加上缓慢冷冻方法可使细胞内的水分渗出细胞外,在胞外形成冰晶,减少细胞内冰晶的形成,从而减少由于冰晶形成所造成的细胞损伤。

复苏细胞与冻存的要求相反,应采用快速融化的手段。这样可以保证细胞外结晶在很短的时间即融化。避免由于缓慢融化使水分渗入细胞内形成胞内再结晶对细胞造成损害。

三、实验仪器及试剂

(一) 实验仪器

超净工作台、CO_2培养箱、倒置显微镜、酶标仪、微孔板振荡器、液氮罐、高压灭菌器、血球计数板等。

(二) 耗材

培养瓶、尖吸管、离心管、培养板、冻存管、载玻片、盖玻片、微孔滤器等。

(三) 试剂

基础培养基(RPMI-1640 或 DMEM)、胎牛血清、MTT、抗生素、DMSO、苏木精、伊红、二甲苯、树胶、胰蛋白酶。

四、操作步骤

(一) 细胞复苏

(1)将冻存管直接投入37℃温水中,并轻轻摇动令其内容尽快融化。

(2)从37℃水浴中取出冻存管,用乙醇消毒后开启,用吸管吸出细胞悬液,注入离心管并滴加10倍以上培养液,混合后低速离心,除去上清液,再重复用培养液洗1次。

(3)用培养液适当稀释后,接种培养瓶,放入CO_2培养箱静置培养,次日更换1次培养液,继续培养。如果复苏时细胞密度较高要及时传代。细胞复苏时细胞数可以做10~20倍稀释,接种细胞密度以5×10^5个/ mL为宜。

(二) 细胞冻存

(1)待细胞长满一瓶后,加入消化液消化,取出细胞,离心(1000r/min,5min)。

(2)细胞计数。

(3)加入冻存液,10^6个细胞加入1mL冻存液。

(4)将细胞悬液加入冻存管中,做好标记并在本上登记(时间、细胞名称、细胞数、冻存人)。

(5)将冻存管放入4℃(0.5h)→ −20℃(0.5h)→液氮罐口(0.5h)→液氮罐中。

五、思考题

1. 简述使用液氮冻存细胞的注意事项。

2. 细胞复苏过程的操作要点有哪些？

第五节　细胞活力的检测方法与细胞形态学观察

一、实验目的

1. 学习掌握 MTT 法测定细胞活力的原理和方法。

2. 了解细胞活力测定的相关应用。

3. 学习掌握细胞染色的原理和方法。

二、实验原理

(一) MTT 实验原理

MTT 是一种噻唑盐,化学名 3-(4,5-二甲基-2-噻唑)-2,5-二甲基溴化四唑,是一种黄色可溶性物质。噻唑蓝(MTT)比色为实验室常用的一种检测细胞存活或生长的实验方法。活细胞内线粒体中的琥珀酸脱氢酶能使外源性的 MTT 还原为难溶的蓝紫色结晶物并沉积在细胞中,而死细胞由于琥珀酸脱氢酶失活,故无此功能。二甲基亚砜(DMSO)能溶解细胞中的紫色结晶物,用酶标仪在 570nm 波长处测定其吸光度值,可间接反映活细胞的数量。在一定的细胞数范围内,MTT 结晶物形成的量与活细胞数呈正比。

此方法简便、快速,所需细胞数较少,便于大规模进行药物敏感试验,人为误差较小而且较精确,没有放射性污染。已广泛用于临床前抗癌药物筛选研究,并已开始用于新鲜肿瘤细胞的药物敏感性检测。

(二) 苏木精-伊红染色法(H&E) 染色原理

1. 苏木精染细胞核的基本原理

苏木精被氧化后成为苏木红,加入媒染剂后成为带正电荷的紫蓝色的强盐基性色素,作用如碱性染料,是一种染细胞核的优良染料。细胞核内的染色质主要是脱氧核糖核酸(DNA),DNA 的双螺旋结构中,两条链上的磷酸基向外,带负电荷,呈酸性,很容易与带正电荷的苏木精染料以离子键结合而被染色。苏木精在碱性溶液中呈蓝色,所以含碱性物质的细胞核被染成蓝色。

2. 伊红染细胞质的染色原理

伊红为酸性染料。细胞内的主要成分是蛋白质,是两性化合物,细胞质的染色与 pH 有密切关系,蛋白质等电点的 pH 为 4.7~5.0,此时细胞质对外部显电中性,既不被碱性染料着色,也不被酸性染料着色。只有当染液中的 pH 低于胞质等电点时,使胞质在酸性液体中带正电荷,就可被带负电荷(阴离子)的染料着色。伊红在水中离解成带负电荷的阴离子,与蛋白质的氨基正电荷结合而使细胞质染色。细胞质、红细胞、肌肉、结缔组织、嗜伊红颗粒等均可被染成颜色深浅不同程度的红色或粉红色,与细胞核的蓝色形成鲜明对比。

三、实验仪器及试剂

(一)实验仪器

超净工作台、CO_2培养箱、倒置显微镜、酶标仪、微孔板振荡器、液氮罐、高压灭菌器、血球计数板等。

(二)耗材

培养瓶、尖吸管、离心管、培养板、冻存管、载玻片、盖玻片、微孔滤器等。

(三)试剂

基础培养基(RPMI-1640 或 DMEM)、胎牛血清、MTT、抗生素、DMSO、苏木精、伊红、二甲苯、树胶、胰蛋白酶。

四、操作步骤

(一)MTT 法的实验步骤

(1)将 $1×10^5$ 个/mL 细胞悬液接种于 96 孔板中,每孔加 $200\mu L$,5 个平行孔,另设 5 个只加培养基的空白对照孔。

(2)37℃,5%CO_2培养箱培养 24h、48h、72h,1000r/min 离心 10min,弃去上清液。

(3)向每孔加入 0.5mg/mL 的 MTT 与 pH7.4 的 PBS 缓冲液的混合液 $100\mu L$,继续培养 4h。

(4)1500r/min 离心 15min,弃去上清液,每孔加入 $150\mu L$ 二甲基亚砜(DMSO),震荡 2min 使细胞中的结晶物充分溶解,用酶标仪测定 570nm 波长下的吸光度值,填写表 6-1。

(5)绘制细胞增殖柱形图。

表 6-1　细胞吸光度

时间	吸光度值 1	吸光度值 2	吸光度值 3	吸光度值 4	吸光度值 5	平均吸光度值
24h						
48h						
72h						

(二)H&E 染色步骤

(1)24 孔板中培养 L929 小鼠成纤维细胞,于 48h 消化孔板中的细胞,取出,固定前先用 PBS 清洗细胞两次(1000r/min,5min)弃去上清,去除妨碍染色的血清。

(2)用 3.7%甲醛(或福尔马林)固定培养物 40min(将细胞悬液滴于载玻片上做成涂片,冷风吹干)。

(3)蒸馏水洗 1 次后,加入苏木精染液 3~5min。

(4)加入 0.5%盐酸、70%乙醇溶液 1mL,脱去胞质的着色,此时核呈紫红色。

(5)加入碱性溶液碱化,使细胞核变成蓝色。用自来水(呈弱碱性)浸泡 5min。此过程须不断用显微镜监视,以掌握碱化时间。

(6)蒸馏水洗 1min,去除残留的碱性溶液,否则影响伊红着色。

（7）加入伊红染液 1mL。

（8）用梯度乙醇溶液脱水,90%、95%的乙醇各脱 45s;100%（2 次）各 2min。

（9）将染色后载玻片在二甲苯浸洗 2 次,各 5min。

（10）树胶封固,固定后可将盖玻片用树胶粘于载玻片上,以利长期保存、观察。

五、思考题

1. 细胞活力检测有哪些方法？

2. 简述 H&E 染色原理。

第六节　智能水凝胶制备、表征和应用

一、实验目的

1. 了解物理交联水凝胶的定义、分类、性质及应用,尤其在膜分离中的应用。

2. 掌握海藻酸钙及其杂化水凝胶的制备方法、溶胀行为、pH 和离子响应机理。

3. 用 Origin 软件处理数据,对实验结果进行一定分析。

二、实验原理

（一）凝胶定义和特点

高分子凝胶是高分子链之间以化学键或物理作用力形成的三维网络结构,吸收一定量的溶剂而使高分子网络溶胀,但不溶解。水凝胶（hydrogels）是一种亲水性但不溶于水的高分子聚合物,由于高分子凝胶是由液体与高分子网络所组成的,液体与高分子网络的亲和性,使液体被高分子网络封闭在里面,失去了流动性。因此,凝胶能像固体一样显示出一定的形状。水凝胶具有不同的溶胀度,是自然界中普遍存在的一种物质形态,生物机体的许多部分如人体的肌肉、血管、眼球等器官都是由水凝胶构成的。

智能水凝胶（intelligent hydrogels）是一类对外界刺激（如温度、pH、光、电场、磁场、压力等）能产生敏感响应的水凝胶。智能高分子凝胶的结构、物理性质、化学性质可以随外界环境的改变而变化。当受到环境刺激时,凝胶会随之作出响应,发生突变,呈现相转变行为。当温度、pH 值、离子、电场、介质、光、应力、磁场等发生改变时,凝胶的形状、相、力学、光学、渗透速率、识别性能等随之发生敏锐响应,发生突跃性变化,并且随着刺激因素的可逆性变化,凝胶的突跃性变化具有可逆性。高分子凝胶的这种响应行为体现了其智能性特征。

（二）水凝胶种类

水凝胶种类繁多,可以根据原料来源、高分子网络的交联方式、交联结构、尺寸和形状等进行分类。根据来源可分为天然凝胶和合成凝胶。天然凝胶由生物体如琼脂、魔芋、蛋白质等制备,合成凝胶由人工合成交联高分子,同时或再令其吸水而成凝胶。根据水凝胶的网络键合作用,可分为物理凝胶和化学凝胶。物理凝胶是通过物理作用如静电作用、氢键、链的缠绕等形成的。化学凝胶由化学键交联形成的三维网络聚合物,其性能较物理凝胶稳定。根据凝胶尺寸可分为微凝胶和宏观凝胶。微凝胶极其微小,由线型分子内交联构成的网络,或者几个分子间发生交联的网络与所含溶剂组成。宏观凝胶成块状,极端情况下所有高分子都交联起来成为一个巨大分子的溶胀体。

通常根据高分子凝胶所受的刺激信号的不同将其分为不同的类型,如温度敏感性高分子凝胶、pH敏感性高分子凝胶、电场敏感性高分子凝胶、磁场敏感性高分子凝胶、压敏性高分子凝胶以及光敏感性高分子凝胶等。

若智能高分子凝胶其环境响应因素只有一个,则称单一响应性智能高分子凝胶。随着智能高分子凝胶研究工作的深入,具有双(多)重响应功能的杂交型高分子凝胶已成为这一前沿领域的重要发展方向。双(多)重响应智能高分子凝胶根据响应环境因素的不同及多少可分为温度–pH敏感型凝胶,热—光敏感型凝胶,磁性—热敏型凝胶,pH–离子刺激响应型凝胶,pH–光敏感型凝胶等,且种类在不断地扩大。

(三)物理交联高分子凝胶

物理交联高分子凝胶是通过物理交联作用形成的水凝胶。物理交联则是聚合物链通过不同的相互作用如氢键、疏水缔合、静电作用等形成结合区。

1. 由氢键形成的交联

如聚丙烯酸、聚烯丙胺、聚乙烯醇等质子给予聚合物与聚乙二醇、聚乙烯基吡啶等质子接受性聚合物通过氢键形成凝胶。羟丙基甲基纤维素溶液受热凝胶。

2. 通过静电作用交联

将具有相反电荷的高分子电解质溶液在适当条件下混合,由于静电相互作用形成离子复合凝胶。

3. 通过配位键交联

聚羧酸、聚醇、聚胺和在侧链上有能与他物配位基的合成高分子通过加入多价金属离子而形成交联。

4. 通过范德瓦耳斯力结合引起交联

丙烯酸同丙烯酸十八烷基酯的嵌段共聚物。侧链上的十八烷基在50℃从结晶向非晶态转变,以非晶态同水或者二甲亚砜等溶剂混合,再冷却,十八烷基侧链发生凝聚和结晶,使聚合物之间交联。

5. 其他交联

通过分子缠结,异常黏性形成凝胶、高分子(半)互穿网络等。

(四)海藻酸盐及其海藻酸钙水凝胶概述

海藻酸盐由两种结构单体单元组成,一种是D-甘露糖醛酸残基(离解常数pKa=3.38),另一种是L-古洛糖醛酸残基(pKa=3.65),它们的比率以及排列序列决定了从不同海藻原料提取的海藻酸盐的性质。海藻酸钠是海藻酸和碱作用所生成的产物,呈乳白色,溶于水,煮沸或冷却都不凝固。

海藻酸盐的重要性质是能与钙盐起反应生成凝胶。海藻酸钠水溶液即使在室温和生理pH

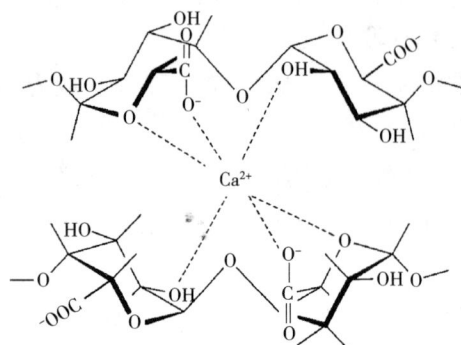

图 6-3 海藻酸钙凝胶化模型

值下,遇到二价(镁离子除外)、多价金属离子,就会发生凝胶化反应,形成离子交联的海藻酸盐水凝胶。Ca^{2+} 是较常被使用的海藻酸钠的交联剂。通常认为钙离子与海藻酸钠分子中的古罗糖醛酸残基相结合,钙离子处于羧酸根负离子的包围之中,就像鸡蛋箱中的鸡蛋,因而常被称为鸡蛋箱模型,如图 6-3 所示。

除了形成离子凝胶外,海藻酸盐还能在 pH 低于分子链上糖醛酸的 pKa 值时形成酸凝胶。在离子交联凝胶中,稳定凝胶的主要因素是分子链中的 G 段,而 M 段也支持酸凝胶的形成,并且不同于离子凝胶,酸凝胶相对来讲是一种平衡体系。海藻酸凝胶在 pH 为 4,即刚高于糖醛酸的 pKa 值时会发生溶胀和部分溶解。但是,海藻酸钙凝胶脆性较大,在电解质溶液中稳定性差。此外,海藻酸钙水凝胶的网络空间较小,不利于制备多孔材料。

(五)聚丙烯酸钠概述

聚丙烯酸钠(SPA)是一类聚阴离子的高分子电介质,为白色粉末,无臭无味,吸湿性极强,同时具有亲水和疏水基团。聚丙烯酸钠能缓慢溶于水形成极黏稠的液体,0.5%溶液的黏度约为 1Pa·s,是海藻酸钠的 15~20 倍。水溶性的聚丙烯酸钠由于其不同的分子量而具有各种不同的性能,被广泛地应用于食品、饲料、纺织、造纸、水处理、石油化工、农林园艺、生理卫生等领域。聚丙烯酸钠遇二价以上的金属离子(如铝、铅、铁、钙、镁、锌)形成其不溶性盐,引起分子交联而凝胶化沉淀。pH 在 4 以下时,聚丙烯酸产生沉淀。

用氯化钙溶液与聚丙烯酸钠和海藻酸钠的混合溶液一起反应,可以得到既具聚丙烯酸钙盐特征又具有海藻酸钙特征的杂化组分。聚丙烯酸钠和海藻酸钠大分子在溶液中形成半互传网络,被钙离子交联形成杂化水凝胶后,稳定性和机械强度将得到显著增加,由于聚丙烯酸钠的引入,使凝胶具有较好的 pH 敏感性。

三、实验设备及原料

(一)设备

精密分析天平、小烧杯、玻璃棒、培养皿、注射器、电热真空干燥箱、磁力搅拌器、镊子。

(二)原料

海藻酸钠、硅酸钠、磷酸二氢钠、硫酸钠、氯化钙、氢氧化钠、盐酸、去离子水、酸碱指示剂。

四、实验步骤

(一)海藻酸钙凝胶膜的制备

量取蒸馏水倒入小烧杯中,加入不同质量的海藻酸钠(SA)粉末,搅拌溶解充分,形成黏稠的海藻酸钠水溶液。静置脱泡后用直径 0.4mm 的铜丝缠绕的玻璃棒刮膜,经质量分数为 2.5%

的 CaCl$_2$ 交联后 1.5h,得到海藻酸钙凝胶膜,浸泡在质量分数为 1% 的 CaCl$_2$ 中待用。图 6-4 为海藻酸钙水凝胶过滤膜制备原理、实物照片及过滤效果图。

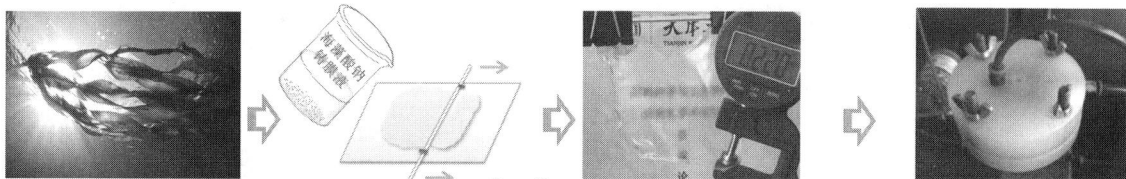

1.原料来源于褐藻,低碳环保。2.制膜简单无污染。3.膜亲水,低压运行可节能,去除污染物,减少排放。

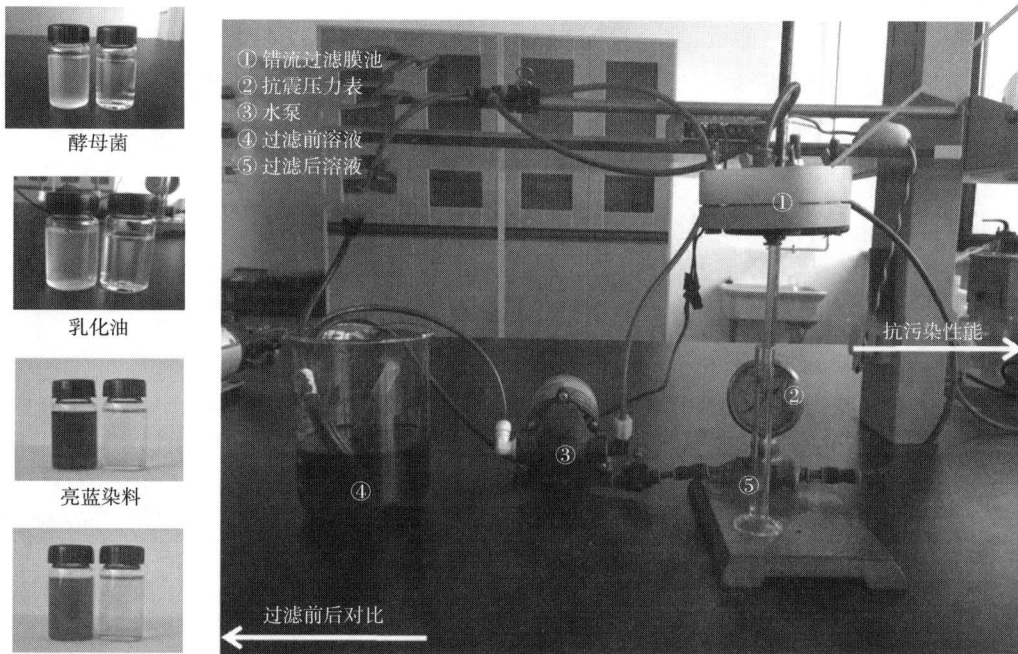

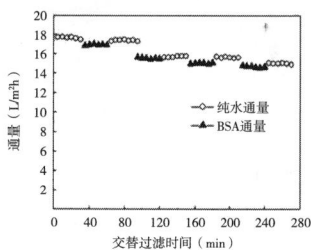

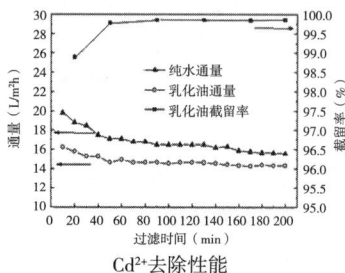

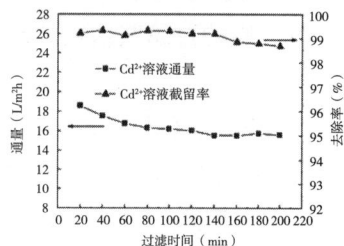

① 错流过滤膜池
② 抗震压力表
③ 水泵
④ 过滤前溶液
⑤ 过滤后溶液

酵母菌

乳化油

亮蓝染料

刚果红染料

抗污染性能

过滤前后对比

图 6-4 海藻酸钙水凝胶过滤膜制备原理、实物照片及过滤效果图

(二) 硫酸/海藻酸钙杂化凝胶膜的制备

量取蒸馏水倒入小烧杯中,加入不同质量的硫酸钠和海藻酸钠(SA)粉末,搅拌溶解充分,形成黏稠的海藻酸钠水溶液。参考第三章制备硫酸/海藻酸钙杂化凝胶膜。比较硫酸/海藻酸钙和海藻酸钙凝胶膜的韧性、强度。

(三) 硅酸/海藻酸钙杂化凝胶膜的制备

量取蒸馏水倒入小烧杯中,加入不同质量的硅酸钠和海藻酸钠(SA)粉末,搅拌溶解充分,形成黏稠的混合水溶液。参考第三章制备硅酸/海藻酸钙杂化凝胶膜。比较硅酸/海藻酸钙和海藻酸钙凝胶膜的韧性、强度,并分析原因。

(四) 高岭土/海藻酸钙复合凝胶膜的制备

量取蒸馏水倒入小烧杯中,加入不同质量的高岭土和海藻酸钠(SA)粉末,超声分散,搅拌溶解充分,形成黏稠的混合溶液。参考第三章制备高岭土/海藻酸钙复合凝胶膜。比较复合膜和海藻酸钙凝胶膜的韧性、强度,并分析原因。

(五) 凝胶膜的溶胀—消溶胀测试

将湿态凝胶膜表面水吸干,称重,然后浸泡在生理盐水、不同 pH 或不同 Na^+/Ca^{2+} 比的混合水溶液中,不同时间点取出凝胶,用润湿滤纸擦去凝胶表面所带出的水分,称重记录不同时刻的凝胶质量,计算凝胶的溶胀率。

计算公式参见第三章第十二节。

根据溶胀率的定义,做出凝胶的溶胀曲线,观察其溶胀情况。

将在碱性溶液中已经达到溶胀平衡的凝胶放入酸性 pH 水溶液中,将在较高浓度 Na^+ 溶液中达到溶胀平衡的凝胶放入较高 Ca^{2+} 浓度溶液中,研究其消溶胀。

(六) 海藻酸钙膜、海藻酸钙复合及杂化膜的固含量和黏附性能

取 2 片膜用吸水纸把表面的水吸干,分别称重,记为 W_0。然后将其分别平铺在玻璃片和平的纸张上,自然干燥至恒重后称量凝胶干重 W,固含量(SC)定义为:

$$SC = \frac{W \times 100\%}{W_0} \tag{6-2}$$

观察干燥后膜是否粘连在玻璃或纸张表面,拍照记录。

(七) 水凝胶膜的力学性能测试

测试方法参见第三章第十二节。

(八) 膜的过滤截留性能研究

在 0.1MPa 下测试上述海藻酸钙及其复合膜对染料亮蓝、刚果红的过滤通量和截留率。先预压 20~30min 后再记录数据。

按第三章第十二节式(3-20)计算截留率 R,按式(3-21)计算膜的通量 J。

(九) 含有酸碱指示剂的聚丙烯酸/海藻酸钙凝胶的制备及其 pH 敏感性

参考第三章,在溶解海藻酸钠的水溶液中加入不同的酸碱指示剂,待制备得到凝胶后,取出含指示剂的海藻酸钙凝胶,再用酸碱滴定检验其变色行为,拍照并记录。

五、思考题

1. 海藻酸钙凝胶的形成机理是什么?

2. 解释海藻酸钙凝胶及其杂化凝胶在不同 pH 溶液中的溶胀度差异。

3. 实验体会有哪些?

第七节　分子印迹膜的制备与测试

一、实验目的

1. 掌握分子印迹的定义及特点。

2. 了解蛋白质分子印迹的特点,掌握分子印迹聚合物制备和性能测试方法。

3. 掌握海藻酸钙及其杂化水凝胶的制备方法,学会用 Origin 软件处理数据,并对样品测试结果进行分析。

二、实验原理

(一)分子印迹技术的基本概念和原理

分子识别和专一性结合是生物学普遍存在和特有的现象,例如抗原与抗体、蛋白酶与蛋白质底物等。分子印迹技术,是制备对特定目标分子(称模板分子或印迹分子)具有特异选择性的高分子化合物即分子印迹聚合物(molecular imprinted polymer, MIP)的技术。该技术已在分离提纯、免疫分析、酶模拟、控制释放以及生物传感器等方面显示出广泛的应用前景,MIP 也因此被誉为"万能的分子识别材料"。MIP 具有预定性、识别性和实用性三大特点。预定性决定了人们可以根据不同的目的制备不同的 MIP;识别性是指 MIP 能选择性地识别模板分子;其实用性表现在 MIP 与天然生物分子识别系统(酶与底物、抗原与抗体)相比,具有稳定性好、使用寿命长、抗恶劣环境和制备过程简单等优点。

分子印迹聚合物的制备一般包括三个过程(图 6-5):

(1)模板分子与功能单体之间通过共价键或非共价作用结合,形成主客体配合物;

(2)加入交联单体,在引发剂、热或光引发下,在模板分子—功能单体配合物周围产生聚合反应,将模板分子和单体的配合物捕获到聚合物立体结构中;

(3)将聚合物中模板分子洗脱或解离出来,在聚合物中便留下可识别模板分子的印迹孔穴。

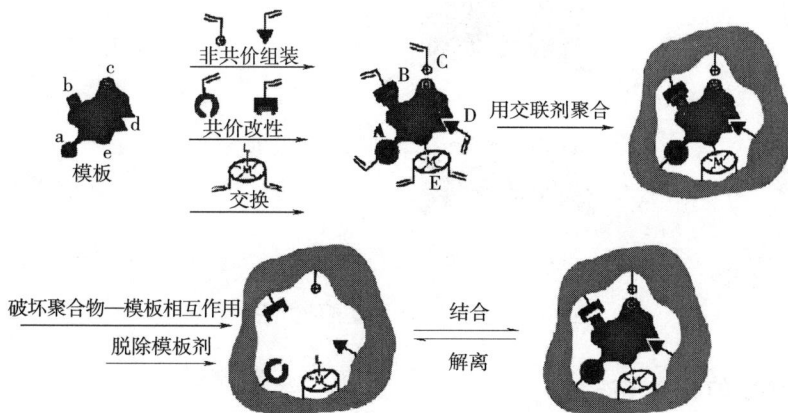

图 6-5　分子印迹的基本原理示意图

(二) 蛋白质分子印迹的特点及方法

目前,比较成熟的印迹研究工作主要集中在构象简单的小分子上,而对大分子如蛋白质、晶体、病毒和细胞等印迹的研究相当困难。蛋白质印迹由于在医学诊断、生物分离与药物传递等领域的潜在应用前景而成为当前研究的热点课题。

蛋白质分子的识别位点处于四级结构外端的分子链段上,从蛋白质分子的整体结构看,这也是较先发生构象转变的结构。任何可以改变蛋白某一级结构的因素,比如温度、离子强度和酸度等,都将显著影响识别位点构象的改变;此外,蛋白质分子具有大量带电官能基团,如氨基和羧基等。在多数情况下蛋白质分子不呈电中性,整个分子是一个具有几何尺寸的带电体。蛋白质的分子量一般在 $10^4 \sim 10^5$ 数量级,由于蛋白质分子体积庞大、本质脆弱、空间结构和化学性质十分复杂,所以对蛋白质分子印迹的研究思路和实验手段都还处于摸索阶段,实验结果的重现性差。蛋白质印迹的方法可分为蛋白质包埋法、表面印迹法和抗原表位法等,印迹方法示意图如图 6-6 所示。图 6-6(a)蛋白质包埋。聚合后印迹分子被包埋在块状聚合物中,然后粉碎成小颗粒进行后续操作。这种制备方法相对比较简单,主要问题在于脱除蛋白质,而且要求聚合物可以方便地重新结合印迹分子。图 6-6(b)表面印迹,该方法制备得到的印迹孔穴和位点处于印迹聚合物表面,有利于模板分子的传质。表面印迹包括载体表面修饰、表面金属配位、"硬核软壳"微球表面印迹、平板表面印迹法和微接触印迹法等。图 6-6(c)抗原表位法。基于生物体中抗体在识别抗原时只与抗原的一小部分,即与抗原表位作用的原理。短肽相对于昂贵的蛋白质通常是比较便宜的,短肽也更容易得到。但该法只适用于暴露的片段结构非常清楚的蛋白质模板印迹和暴露的片段结构不同的蛋白质的分离,对尚不清楚结构的蛋白质显然无能为力。

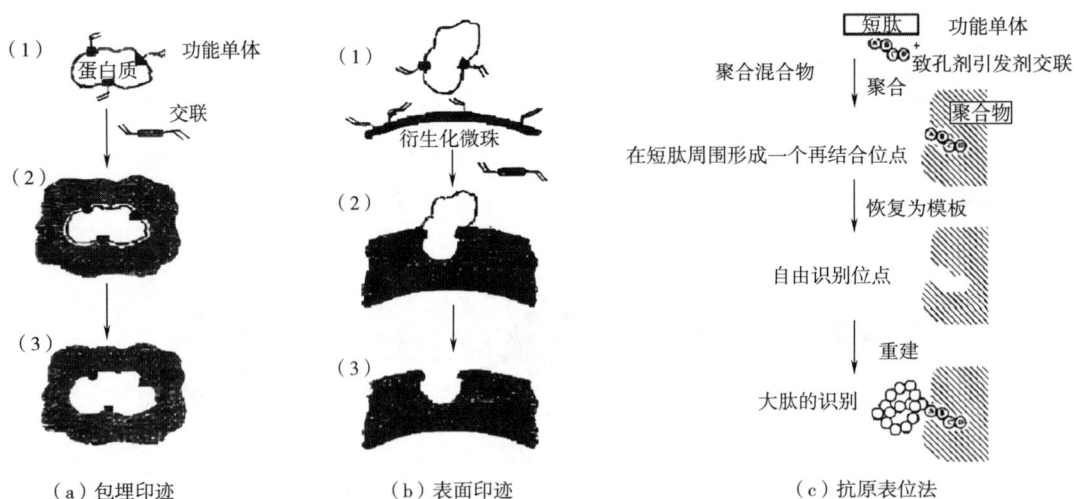

(a) 包埋印迹　　　　　　(b) 表面印迹　　　　　　(c) 抗原表位法

图 6-6　蛋白质分子印迹的方法

(三) 分子印迹膜的制备方法

印迹聚合物膜出现在 20 世纪 90 年代,这种新型膜将膜分离的可连续化操作特点与分子印

迹技术的识别性、亲和性和选择透过性相结合,可获得大通量和高选择性。目前,分子印迹聚合物膜的制备主要有以下几种方法:

(1)原位聚合:将印迹分子、功能单体、交联剂和添加剂混合液倾倒在两块基板之间,通过整体交联聚合(常采用 UV 光引发)得到 MIP 膜。

(2)溶剂蒸发沉淀:将印迹分子、成膜材料共溶于适当的溶剂中,将该铸膜液刮涂在适当的支撑体上,在一定温度下的惰性气体中使溶剂蒸发,得到的聚合物膜经进一步干燥后,采用适当的溶剂进行洗脱以除去印迹分子得到 MIP 膜。

(3)浸没沉淀(相转化):将含有印迹分子、成膜材料及适当添加剂的高分子铸膜液刮涂在适当的支撑体上,将其浸入含有非溶剂的凝固浴中,由于良溶剂与非溶剂的不断置换,经过一段时间聚合物膜就从中沉淀析出,采用适当的溶剂对该膜进行洗脱以除去印迹分子,得到 MIP 膜。

(4)表面修饰:即在印迹分子存在下,通过光或热引发在膜表面接枝共聚,对商业膜进行表面修饰,实现分子印迹功能。表面修饰法同以上各种印迹方法相比,具有印迹分子用量少、印迹位点的可及性高、可实现印迹膜的高通量等优点。

(5)一些特殊的膜制备方法:如电化学聚合方法也可用于分子印迹膜的制备,此方法具有速度快、直接成膜等优点,这种方法非常适用于传感器敏感膜的制备。

(四)基于海藻酸钙及其杂化水凝胶的蛋白质印迹材料

海藻酸盐由两种结构单体单元组成,一种是 D-甘露糖醛酸残基(离解常数 $pKa = 3.38$),另一种是 L-古洛糖醛酸残基($pKa = 3.65$),它们的比率以及排列序列决定了从不同海藻原料提取的海藻酸盐的性质。海藻酸钠是海藻酸和碱作用所生成的产物,呈乳白色,溶于水,煮沸或冷却都不凝固。海藻酸钠水溶液即使在室温和生理 pH 下,遇到二价(镁离子除外)、多价金属离子,就会发生凝胶化反应,形成离子交联的海藻酸盐水凝胶。Ca^{2+} 是较常被使用的海藻酸钠的交联剂。钙离子与海藻酸钠分子中的古罗糖醛酸残基相结合,钙离子处于羧酸根负离子的包围之中,就像鸡蛋箱中的鸡蛋,因而常被称为鸡蛋箱模型。

海藻酸钠含大量羧基和羟基,容易和蛋白质分子形成相互作用;海藻酸钠遇到 Ca^{2+} 能迅速发生凝胶化反应,条件简单、温和,海藻酸钙水凝胶具有较大的网孔,有利于模板蛋白质的传质;直接用带有功能基团的海藻酸钠代替传统分子印迹体系中的功能单体,简化了印迹聚合物的合成过程,避免了聚合热引起蛋白质分子构象变化。张凤菊等首次以海藻酸盐为大分子单体制备了 BSA 印迹水凝胶。赵孔银等以 $CaCl_2$ 交联海藻酸钠和磷酸氢二铵,制备了蛋白质表面印迹的磷酸/海藻酸钙杂化凝胶微球(图 6-7)。凝胶化条件简单、温和,避免了聚合反应热引起的蛋白质变性,杂化交联提高了海藻酸钙水凝胶强度。Edgar P 等将 BSA 与海藻酸

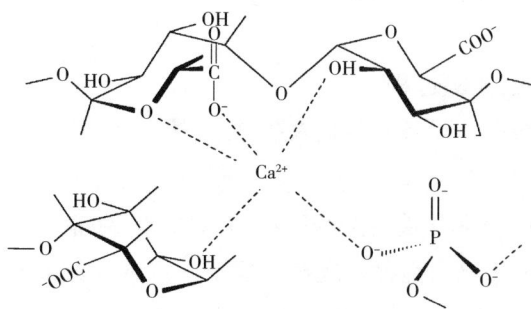

图 6-7 磷酸/海藻酸钙杂化凝胶模型

钠的混合溶液先于平面皿上延流成膜,经氯化钙溶液交联制备了 BSA 印迹膜。

图 6-8 为蛋白质印迹磷酸/海藻酸钙杂化凝胶膜的制备示意图,本实验参考有关蛋白质分子印迹水凝胶的国内外文献及传统分子印迹膜的制备方法,针对文献中延流法得到的海藻酸钙膜厚度大(3mm)、膜不均匀等缺点,设计了刮平板膜的方法,可制备厚度在 0.2~1.2mm 的凝胶膜。

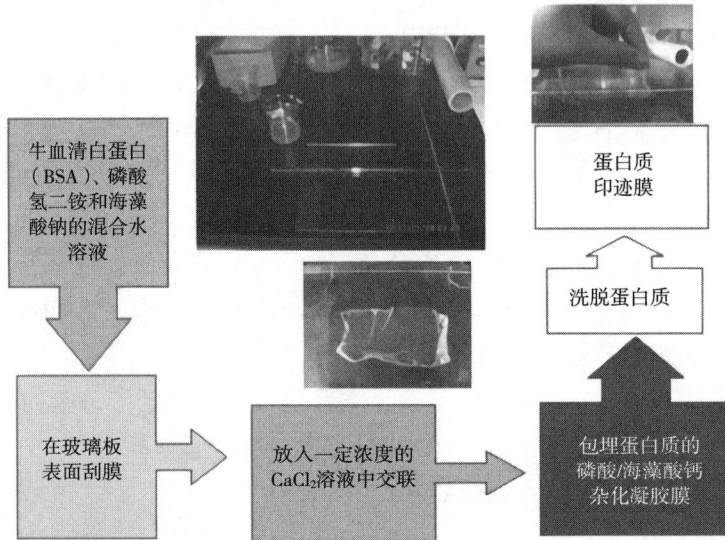

图 6-8 蛋白质印迹磷酸/海藻酸钙杂化凝胶膜的制备示意图

三、实验原料与仪器

(一)原料

海藻酸钠、牛血清白蛋白(分子量 68000)、牛血红蛋白(分子量 64500)、甲基橙、KH-550 硅烷、KH-570 硅烷、磷酸二氢铵、氯化钙、氯化钠、盐酸、三羟甲基氨基甲烷(Tris)、蒸馏水。

(二)仪器

紫外分光光度计、精密分析天平、恒温振荡器、磁力搅拌器、刮膜棒、镊子、小烧杯、玻璃棒、培养皿、托盘、玻璃板。

四、实验过程

根据实际参加实验人数分组,按以下内容实验项目,查阅文献并在老师指导下设计具体实验步骤。

(一)非印迹海藻酸膜(NIP CA)的制备

采用磁力搅拌在烧杯中配制一定浓度的海藻酸钠(SA)水溶液,静置消泡。取一个干净的玻璃板,称重后记为 W_1。将玻璃板平放,在其中间偏上的位置倒入 2~3g 的海藻酸钠水溶液,用刮膜棒刮膜,尽量使膜均匀,称重后记为 W_2。然后将玻璃板一起进入预先配置好的质量分数为

2.5%的 CaCl$_2$ 水溶液中,凝胶化 2h,经过 pH=8.32 的含 1% CaCl$_2$ 的 Tris-HCl 溶液的浸泡 24h,得到透明的非印迹海藻酸膜(NIP CA),将膜小心取出后用吸水纸吸去表面的水,称重后记为 W_3。根据下式计算凝胶产率 $G(\%)$:

$$凝胶产率 G = (W_3 - W_1)/(W_2 - W_1) \times 100\% \tag{6-3}$$

(二)非印迹磷酸/海藻酸钙杂化膜(NIP CP/A)的制备

将不同质量的磷酸氢二铵和海藻酸钠一起溶解在水中,经 2.5%的 CaCl$_2$ 水溶液交联,并经 Tris-HCl 溶液浸泡 24h,获得非印迹磷酸/海藻酸钙杂化膜(NIP CP/A)。用式(6-3)同样计算其凝胶产率 $G(\%)$。

(三)牛血清白蛋白包埋印迹海藻酸膜(BSA EMIP CA)的制备

首先配置浓度为 40μmol/L 的牛血清白蛋白(BSA)水溶液,在磁力搅拌下,向其中缓慢加入一定量的海藻酸钠粉末,直至完全溶解,静置消泡。取一个干净的玻璃板,称重后记为 W_1。将玻璃板平放,在其中间偏上的位置倒入 2~3g 的 BSA 和海藻酸钠的混合水溶液,用刮膜棒刮膜,尽量使膜均匀,称重后记为 W_2。然后将玻璃板一起进入预先配置好的质量分数为 2.5%的 CaCl$_2$ 水溶液中,凝胶化 2h,在振荡器中经过 pH=8.32 的含 1% CaCl$_2$ 的 Tris-HCl 溶液洗脱 36h,得到 BSA 包埋印迹的海藻酸膜(BSA EMIP CA),将膜小心取出后用吸水纸吸去表面的水,称重后记为 W_3。同样根据式(6-3)计算凝胶产率 $G(\%)$。

洗脱蛋白质模板的过程中,每隔 3~4h 用紫外分光光度计监测洗脱液中蛋白质的浓度,以估计洗脱掉的模板的量。

(四)牛血清白蛋白表面印迹海藻酸膜(BSA SMIP CA)的制备

采用磁力搅拌在烧杯中配制一定浓度的海藻酸钠(SA)水溶液,静置消泡。配置摩尔浓度为 40μmol/L 的 BSA 和质量分数为 2.5%的 CaCl$_2$ 的混合水溶液。取一个干净的玻璃板,称重后记为 W_1。将玻璃板平放,在其中间偏上的位置倒入 2~3g 的海藻酸钠水溶液,用刮膜棒刮膜,尽量使膜均匀,称重后记为 W_2。然后将玻璃板一起进入预先配置好的含 BSA 的 CaCl$_2$ 溶液中,凝胶化 2h,在振荡器中经过 pH=8.32 的含 1% CaCl$_2$ 的 Tris-HCl 溶液洗脱 36h,得到 BSA 表面印迹的海藻酸膜(BSA SMIP CA),将膜小心取出后用吸水纸吸去表面的水,称重后记为 W_3。同样根据式(6-3)计算凝胶产率 $G(\%)$。

洗脱蛋白质模板的过程中,每隔 3~4h 用紫外分光光度计监测洗脱液中蛋白质的浓度,以估计洗脱掉的模板的量。

(五)牛血清白蛋白包埋印迹磷酸/海藻酸钙杂化膜(BSA EMIP CP/A)的制备

首先配置浓度为 40μmol/L 的牛血清白蛋白(BSA)水溶液,在磁力搅拌下,向其中缓慢加入一定量的磷酸氢二铵和海藻酸钠粉末,直至完全溶解,静置消泡。取一个干净的玻璃板,称重后记为 W_1。将玻璃板平放,在其中间偏上的位置倒入 2~3g 的 BSA、磷酸氢二铵和海藻酸钠的混合水溶液,用刮膜棒刮膜,尽量使膜均匀,称重后记为 W_2。然后将玻璃板一起进入预先配置好的质量分数为 2.5%的 CaCl$_2$ 水溶液中,凝胶化 2h,在振荡器中经过 pH=8.32 的含 1% CaCl$_2$ 的 Tris-HCl 溶液洗脱 36h,得到 BSA 包埋印迹的磷酸/海藻酸钙膜(BSA EMIP CP/A),将膜小心取出后用吸水纸吸去表面的水,称重后记为 W_3。同样根据式(6-3)计算凝胶产率 $G(\%)$。

洗脱蛋白质模板的过程中,每隔 3~4h 用紫外分光光度计监测洗脱液中蛋白质的浓度,以估计洗脱掉的模板的量。

(六)牛血清白蛋白表面印迹磷酸/海藻酸钙杂化膜(BSA SMIP CP/A)的制备

采用磁力搅拌在烧杯中配制一定浓度的磷酸氢二铵和海藻酸钠(SA)的混合水溶液,静置消泡。配置摩尔浓度为 40μmol/L 的 BSA 和质量分数为 2.5% 的 $CaCl_2$ 的混合水溶液。取一个干净的玻璃板,称重后记为 W_1。将玻璃板平放,在其中间偏上的位置倒入 2~3g 的磷酸氢二铵和海藻酸钠混合水溶液,用刮膜棒刮膜,尽量使膜均匀,称重后记为 W_2。然后将玻璃板一起进入预先配置好的含 BSA 的 $CaCl_2$ 溶液中,凝胶化 2h,在振荡器中经过 pH = 8.32 的含 1% $CaCl_2$ 的 Tris-HCl 溶液洗脱 36h,得到 BSA 表面印迹的磷酸/海藻酸钙膜(BSA SMIP CP/A),将膜小心取出后用吸水纸吸去表面的水,称重后记为 W_3。同样根据式(6-3)计算凝胶产率 $G(\%)$。

洗脱蛋白质模板的过程中,每隔 3~4h 用紫外分光光度计监测洗脱液中蛋白质的浓度,以估计洗脱掉的模板的量。

(七)牛血红蛋白包埋印迹海藻酸膜(HB EMIP CA)的制备

参考牛血清白蛋白埋印迹海藻酸膜的制备。将 BSA 换成牛血红蛋白(HB),制备 HB 包埋印迹海藻酸膜(HB EMIP CA),并进行凝胶产率 $G(\%)$ 和模板洗脱量的计算。

(八)牛血红蛋白表面印迹海藻酸膜(HB SMIP CA)的制备

参考牛血清白蛋白表面印迹海藻酸膜的制备。将 BSA 换成牛血红蛋白(HB),制备 HB 表面印迹海藻酸膜(HB SMIP CA),并进行凝胶产率 $G(\%)$ 和模板洗脱量的计算。

(九)牛血红蛋白包埋印迹磷酸/海藻酸钙杂化膜(HB EMIP CP/A)的制备

参考牛血清白蛋白包埋印迹磷酸/海藻酸钙杂化膜的制备。将 BSA 换成牛血红蛋白(HB),制备 HB 包埋印迹磷酸/海藻酸钙杂化膜(HB EMIP CP/A),并进行凝胶产率 $G(\%)$ 和模板洗脱量的计算。

(十)牛血红蛋白表面印迹磷酸/海藻酸钙杂化膜(HB SMIP CP/A)的制备

参考牛血清白蛋白表面印迹磷酸/海藻酸钙杂化膜的制备。将 BSA 换成牛血红蛋白(HB),制备 HB 表面印迹磷酸/海藻酸钙杂化膜(HB EMIP CP/A),并进行凝胶产率 $G(\%)$ 和模板洗脱量的计算。

(十一)蛋白质印迹膜和非印迹膜的溶胀性能测试

分别取海藻酸钙及磷酸/海藻酸钙印迹和非印迹膜大约 0.5g,用分析天平称重,记为 W_d,然后将其浸泡到 0.9% 的生理盐水中,在不同时间点取出凝胶,用润湿滤纸擦去凝胶表面所带出的水分,称重记录不同时刻的凝胶质量,计算凝胶的溶胀率。溶胀率(SR)定义为:

$$SR = \frac{W_t - W_d}{W_d} \times 100\% \tag{6-4}$$

式中:W_t ——不同时间点测量的凝胶质量;

W_d ——初始凝胶的质量。

根据溶胀率的定义,做出凝胶的溶胀曲线,观察其溶胀情况。

(十二)蛋白质印迹膜洗脱过程中蛋白质的洗脱量测试

称取 1g 左右的蛋白质印迹海藻酸钙或磷酸/海藻酸钙膜,放入盛 30mL Tris-HCl 洗脱溶液的锥形瓶或烧杯中,将锥形瓶或烧杯中置于振荡器中振荡洗脱蛋白质,每隔 3h 取出 3mL 溶液,用紫外分光光度计测试蛋白质在 278nm 处的吸光度,根据标准曲线计算其浓度。最后将洗脱时间与洗脱量的关系画图。

(十三)蛋白质印迹膜的印迹效率测试

称取 0.2g 的印迹和非印迹膜,剪成小块,放入小瓶中,用移液管取 10mL 的 20μmol/L 的蛋白质溶液,小瓶在室温下静置吸附。经一定的时间间隔后,取瓶中的溶液,用紫外分光光度计测定其在 278nm 波长处的吸光度,根据标准曲线计算其浓度。

$$吸附量 = (C_0 - C_t)V/W \tag{6-5}$$

式中:C_0——蛋白质溶液的起始浓度,μmol/L;

C_t——某一时间蛋白质溶液的浓度,μmol/L;

V——蛋白质溶液的体积,L;

W——印迹和非印迹膜的质量,g。

待达到平衡吸附后记录平衡吸附量 Q_e。比较 BSA 印迹和非印迹膜对 BSA 吸附量的差别,计算 BSA 印迹膜的印迹效率 IE。

$$IE = Q_{MIP}/Q_{NIP} \tag{6-6}$$

式中:Q_{MIP}——印迹膜的平衡吸附量;

Q_{NIP}——非印迹膜的平衡吸附量。

用上述方法测量并计算 BSA EMIP CA、BSA SMIP CA、BSA EMIP CP/A 和 BSA SMIP CP/A 的对 BSA 的印迹效率,同样用上述方法测量并计算 HB EMIP CA、HB SMIP CA、HB EMIP CP/A 和 HB SMIP CP/A 的对 HB 的印迹效率。

(十四)蛋白质印迹膜的吸附选择性测试

印迹聚合物膜对模板的识别性能可用静态分配系数(KD)、分离因子(α)来表征,并根据对比重结合实验结果进行计算。静态分配系数 KD 定义为:

$$KD = C_p/C_s \tag{6-7}$$

式中:C_p——被吸附物在聚合物膜上的浓度(μmol/g),相当于单位质量聚合物膜对被吸附物的静态平衡重结合量,即 $C_p = Q_\infty$;

C_s——其在溶液中的浓度(mol/L)。

故有:

$$KD = Q_\infty/C_s = (C_0 - C_s) \times V/(C_s \times m) \tag{6-8}$$

分离因子 α 定义为:

$$\alpha = KD_1/KD_2 \tag{6-9}$$

式中:KD_1、KD_2——模板分子和竞争分子的静态分配系数。

(十五) 实验记录

1. 不同组分配方及凝胶产率(表 6-2)

表 6-2 不同组分配方及凝胶产率

样品	原料质量[①](g/g) Alg/$(NH_4)_2HPO_4$	玻璃片重 $W_1(g)$	玻璃及溶液 总重 $W_2(g)$	玻璃及凝胶 总重 $W_3(g)$	产率 $G(\%)$
NIP CA	/0				
BSA MIP CA	/0				
HB MIP CA	/0				
NIP CP/A					
BSA SMIP CP/A					
HB SMIP CP/A					

①原料质量指 40mL 水溶解海藻酸钠(Alg)和磷酸氢二铵 $[(NH_4)_2HPO_4]$ 的质量,每位同学根据自己的配比做。

2. 凝胶溶胀率测试(表 6-3)

表 6-3 凝胶溶胀率测试数据

样品①	时间(min)	凝胶质量 $W_t(g)$	溶胀率 SR
	0		
	5		
	10		
	15		

①每位同学根据自己的配比选择样品,进行测试,开始时每 5min 测一次,1h 后,每 30min 测一次。

3. 不同时间蛋白质的洗脱量(表 6-4)

表 6-4 不同时间蛋白质的洗脱量

样品①	时间 (h)	吸光度 (Abs)	溶液中蛋白量 (μmol/L)	样品质量 (g)	累计洗脱量 (μmol/g)
	0	0	0		0
	3				
	6				
	9				

①每位同学根据自己的配比选择样品,进行测试,每 3h 测一次。样品包括 BSA EMIP CA,BSA SMIP CA,HB EMIP CA,HB SMIP CA,BSA EMIP CP/A,BSA SMIP CP/A,HB EMIP CP/A,HB SMIP CP/A。

4. 不同蛋白质印迹膜的印迹效率(表6-5)

表6-5 不同蛋白质印迹膜的印迹效率

样品	原料质量①(g/g)	样品质量 W(g)	蛋白吸光度	平衡蛋白浓度 C_t(μmol/L)	蛋白吸附量 Q(cm³/g)	印迹效率 EI
NIP CA	/0					—
BSA MIP CA	/0					
HB MIP CA	/0					
NIP CP/A	/0					
BSA SMIP CP/A	/0					
HB SMIP CP/A						—

①原料质量指40mL水溶解的 Alg 和(NH₄)₂HPO₄质量,每位同学根据自己的配比做。吸附时蛋白质浓度为20μmol/L,体积 10mL,样品质量在 0.2g 左右。平衡吸附时间 24h。

5. 蛋白质印迹膜的识别性能(表6-6)

表6-6 蛋白质印迹膜的识别性能

样品	原料质量①(g/g)	样品质量 W(g)	AB_{s1}	C_{s1}(μmol/L)	KD_1	AB_{s2}	C_{s2}(μmol/L)	KD_2	α
NIP CA	/0								
BSA MIP CA	/0								
HB MIP CA	/0								
NIP CP/A	/0								
BSA SMIP CP/A									
HB SMIP CP/A									

①原料质量指40mL水溶解的 Alg 和(NH₄)₂HPO₄质量,每位同学根据自己的配比做。吸附时蛋白质浓度为20μmol/L,体积 10mL,样品质量在 0.2g 左右。平衡吸附时间 24h。

AB_{s1} 和 AB_{s2} 分别为样品对模板蛋白质和对比蛋白质的吸光度。实验中如果用 BSA 做模板分子,则对比蛋白为 HB,反之如果用 HB 做模板分子,则对比蛋白为 BSA。

五、思考题

1. 为什么磷酸/海藻酸钙凝胶为基材制备的 MIP 比单纯海藻酸钙凝胶制备的 MIP 的印迹效率高?

2. 为什么水凝胶基材更适合蛋白质的印迹？但是水凝胶印迹也存在一些缺点，请指出。

3. 简述实验体会与建议。

第八节　纳米药物载体：两亲性 PCEC 嵌段聚合物的合成

一、实验目的

1. 学会利用双排管真空气体分配器构建无氧反应环境。

2. 掌握开环聚合制备可生物降解聚酯的基本原理。

3. 理解两亲性嵌段聚合物的制备方法。

二、实验原理

(一) 脂肪族聚酯

脂肪族聚酯的合成方法尤其是活性开环聚合也成为学术界及工业领域的研究热点。采用开环聚合法得到的聚合产物化学组成精确、分子量分布窄，可以调控材料的降解速率、亲水性、玻璃化转变温度及结晶性，提高材料性能的稳定性，拓宽脂肪族聚酯的应用领域。

(二) 两亲性脂肪族聚酯聚合物

两亲性脂肪族聚酯聚合物正日益广泛地应用于生物医学领域，成为医学工程、药物制剂以及生物工程等学科发展的重要物质支柱。具有嵌段或接枝结构的两亲性共聚物在选择性溶剂中可以通过不溶链段的聚集形成具有疏水核和亲水壳的稳定的胶束结构，其大小一般都小于 200nm。这样的纳米级胶束在作为药物载体应用方面具有明显的优点，例如可以包覆疏水性药物、控制药物释放速率、延长药物在血液中的半衰期等。聚乙二醇(PEG)具有优良的水溶性、生物相容性、低毒性等优点；以聚己内酯(PCL)为代表的可生物降解的聚酯具有卓越的生物相容性和无毒性等性能，被广泛应用于生物医学领域。

(三) 开环聚合

开环聚合(ring opening polymerization, ROP)是一种环状化合物单体经过开环加成转变为线型聚合物的反应。按单体不同，可分为正离子、负离子、配位等聚合。开环聚合被认为是一种重要的是活性/可控聚合方法，在功能高分子制备领域起到非常重要的作用。大多数开环聚合反应需要无氧环境，因此构建无氧反应氛围是成功反应的前提，本实验可以利用双排管真空气体分配器构建无氧反应环境(图 6-9)。

(四) ε-己内酯

ε-己内酯(ε-caprolactone, ε-CL)单体是一个很有用的化学中间体，在合成化合物中，它能为合成物提供许多优异的化学性能，以聚己内酯(PCL)为代表的可生物降解的聚酯，具有卓越的生物相容性和无毒性等性能，主要被广泛应用于合成环保材料(可降解塑料)和生物医学领域。

本实验以己内酯(ε-CL)为代表性可聚合单体，以不同分子量聚乙二醇(PEG)为引发剂，辛

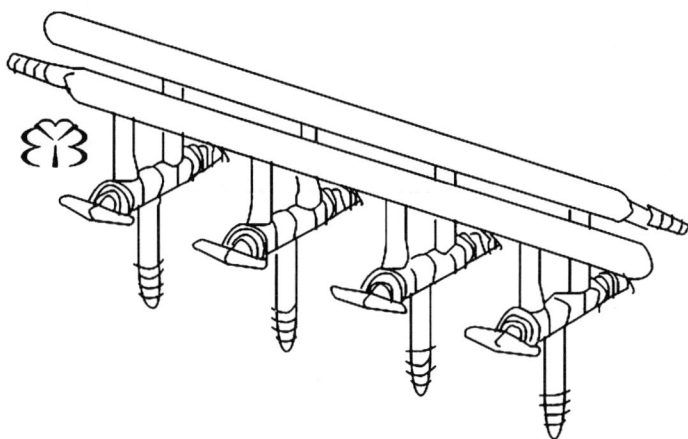

图 6-9 双排管真空气体分配器

酸亚锡为催化剂,利用开环聚合方法通过调节投料比制备不同亲疏水比的 PCL-PEG-b-PCL(PCEC)三嵌段聚合物。

三、实验仪器和试剂

(一)仪器

天平(0.0001g)、反应管(带磨口及 2mm 可互换标准玻璃节门,25mL,图 6-10)、磁力搅拌子、油浴锅、磁力搅拌器、100mL 烧杯、250mL 抽滤瓶、真空烘箱、表面皿。

(二)试剂

己内酯、辛酸亚锡、聚乙二醇(PEG,Mn=2k 和 4k)、二氯甲烷、无水乙醚。

图 6-10 反应管

四、实验步骤

开环聚合制备 PCEC:该过程采用不同分子量 PEG 为引发剂,辛酸亚锡为催化剂,己内酯为单体,投料比见表 6-7。以实验 1 为例,将 PEG(2k)1.0g,己内酯 2.0g,辛酸亚锡 147μL 加入 25mL 反管中。抽真空—充氮气循环 3 次,至其完全无氧。130℃ 条件下反应 12h,冷却。产物溶解在 5~10mL 二氯甲烷中,搅拌条件下逐滴加入 50~100mL 冰乙醚中,过滤,真空常温干燥,计算收率。

表 6-7 不同结构组成 PCEC 聚合物制备投料表

序号	PCL_m-PEG_n-PCL_m	PEG_{4k}(g)	PEG_{2k}(g)	PCL(g)	收率(%)
1	2k-2k-2k		1	2	
2	2k-4k-2k	1		1	

续表

序号	PCL$_m$-PEG$_n$-PCL$_m$	PEG$_{4k}$(g)	PEG$_{2k}$(g)	PCL(g)	收率(%)
3	3k-4k-3k	1		1.5	
4	4k-4k-4k	1		2	

五、思考题

1. 可用于开环聚合的单体有哪些?
2. 如何提高 PCEC 的收率?
3. 如何调控两亲性聚合物的亲疏水比?

第九节　纳米药物载体:PCEC 纳米粒的制备

一、实验目的

1. 了解两亲性嵌段聚合物的纳米自组装原理。
2. 掌握纳米粒制备的基本实验方法。

二、实验原理

两亲性嵌段共聚物是指同一大分子中含有对两相(如水相与油相、两种油相、两种不相容的固相等)都具有亲和性链段的聚合物,一般指分子结构中同时含有亲水基团和疏水基团。两亲性嵌段共聚物的不同嵌段通常是热力学不相容的,可以发生微相分离,但由于嵌段间以共价键相连,所产生的相分离因而被限制在微观尺寸范围内。在选择性溶剂(即该溶剂对嵌段共聚物的某嵌段是良溶剂,而对另一嵌段是不良溶剂)中,由于嵌段和溶剂之间溶解性的差异,当共聚物浓度超过临界胶束浓度(critical micelle concentration,CMC)时,两亲性嵌段共聚物能够自组装形成具有疏溶剂性核(core)与溶剂化壳(shell)或冠(corona)的一种胶束结构。

三、仪器和试剂

(一)仪器

磁力搅拌器、磁力搅拌子、50mL 烧杯若干、5mL 离心管若干。

(二)试剂

四氢呋喃(THF)、超纯水。

四、实验步骤

PCEC 纳米粒的制备(纳米沉淀法):室温下,称取 20mg 的 PCEC 充分溶于 3mL THF。然后通过 0.45μL 聚四氟乙烯过滤头缓慢地滴入剧烈搅拌的 20mL 蒸馏水中,滴加速度需缓慢,直至前一滴较为均匀地分散在蒸馏水中,无明显的乳浊现象再加下一滴,使纳米粒溶液浓度为 1mg/mL。然后室温搅拌 12h,使 THF 完全挥发,便可得到 PCEC 纳米粒溶液(注意观察实验现象)。

五、思考题

分析讨论影响两亲性嵌段共聚物自组装行为的因素有哪些?

第十节　纳米药物载体:利用荧光法测定 PCEC 聚合物的临界胶束浓度

一、实验目的

1. 了解荧光分光光度计的使用方法。

2. 初步掌握如何使用荧光探针法测定聚合物的临界胶束浓度。

二、实验原理

对于浓度非常低的聚合物溶液来讲,其分子在溶液中基本以单分子状态存在,当达到一定浓度时,这些两亲性嵌段共聚物可以在水溶液中自组装成纳米级的胶束结构。对于其自组装模型基本上为疏水段在聚集体内部成为核,而亲水段则伸向水溶液成为壳。因此,胶束疏水性的内部结构对于疏水性分子具有一定的增溶作用,即疏水性分子可以增溶在胶束结构内部,提高其溶解度。所以,我们可以通过引入合适分子探针,通过探测其所处微环境的不同(水溶液或是胶束的核),从而判定是否有聚集体的存在。

胶束微环境的性质常用荧光分子探针检测。芘是一种介质微极性荧光探针,属于稠环芳烃类。室温下,当芘的浓度小于 $10 \sim 5mol/L$ 时,其单体荧光发射谱可以显著的反映基态振动能级的精细变化,会出现五个特征振动带(373nm,379nm,384nm,390nm,397nm)。其中第一谱带强度(I_1)与第三谱带强度(I_3)之比,与所处的环境的极性有关,I_1/I_3 值越小,对应环境的极性越小,即疏水性越强,因此,可以利用 I_1/I_3 值表征芘所处微环境极性的改变。此外,在芘的激发光谱中,倘若聚合物在溶液中能聚集成疏水微区,芘的激发主要峰谱带将发生红移。

三、仪器和试剂

(一)仪器

量瓶若干、离心管若干、荧光光谱仪。

(二)试剂

1mg/mL 的 PCEC 水溶液、芘的四氢呋喃溶液(0.22g/L)、100μL 移液器、无水乙醇、蒸馏水。

四、实验步骤

(1)首先通过稀释法配置一系列一定浓度的聚合物溶液(0.01~1mg/mL)。

(2)用移液器向试管中加入一定量的芘的四氢呋喃溶液,并让其自然挥发掉。

(3)将配好的溶液加入含芘的试管中,静置至少4h,使芘能够充分进入疏水微区。

(4)利用荧光光谱仪测定聚合物溶液的发光性质。所用激发波长为335nm,激发狭缝和发射狭缝均为1nm。

(5)计算不同浓度下 I_1/I_3 的值,通过数据分析,计算粗 PCEC 聚合物的临界胶束浓度值或其大致范围,并观察其激发光谱的红移现象。

注意事项:每个试管中所加芘的四氢呋喃溶液的量要与所配溶液的量相对应,保证所有所测聚合物溶液中芘的总浓度一定。

五、思考题

1. 除了荧光法还有哪些方法可以测定聚合物的临界胶束浓度? 试举出一个并说明其原理。

2. 影响两亲性聚合物 CMC 的因素有哪些?

第十一节 纳米药物载体:PCEC 载药纳米颗粒的制备及载药量和包封率测试

一、实验目的

1. 掌握纳米沉淀法制备负载药物的纳米颗粒。

2. 学会计算纳米药物载体的载药量(DLC)和包封率(DLE)。

二、实验原理

纳米技术是 21 世纪战略技术的制高点,是在纳米尺度对物质进行制备研究和工业化,利用纳米尺度物质进行交叉研究和工业化的一门综合性的技术体系。在药物传输系统领域一般将纳米粒的尺寸界定在 1~1000nm,显然,该范围包括大小在 100nm 以上的亚微米粒子。就目前的研究而论,药物传输系统中的纳米粒及相关技术主要用于促进药物溶解、改善吸收、提高靶向性从而提高有效性等。

姜黄素(CUR)是一种从姜黄根茎中提取出的一种化学治疗剂,现已成为一种重要的天然抗肿瘤药物。姜黄素作为炎症细胞信号的有力调制器,可以调节细胞增殖、凋亡和入侵。但是,这种药物存在两方面的缺点:其一,在水中的溶解度极低(0.4μg/mL,pH 7.4);其二,在生理 pH 7.4 条件下易于分解,导致 CUR 在生物体内的生物利用度很低。因此,有效负载 CUR 并将其递送到肿瘤细胞而发挥其抗癌活性的载体研究是极其必要的。

三、仪器与试剂

(一)仪器

紫外分光光度计、磁力搅拌器、磁力搅拌子、50mL 烧杯、不同体积的容量瓶若干。

(二)试剂

PCEC 聚合物、姜黄素(CUR)、四氢呋喃(THF)、超纯水。

四、实验步骤

载药纳米颗粒(NPs)的制备与表征:以 CUR 为模型药物,通过纳米沉淀技术制备负载 CUR 的 PCEC NPs。例如,称量 20.0mg 的 PCEC 和 2.0mg 的 CUR,并将其共同溶解到 2.0mL 的 THF 中。磁力搅拌条件下,缓慢滴加至 20.0mL 的 PBS 溶液(10mmol/L,pH 7.4)中。滴加完毕之后室温搅拌过夜,使 THF 完全挥发,3000r/min 离心除去不溶物质,便可得到理论载药量为 10% 的负载 CUR 的 PCEC NPs 溶液。

CUR 标准曲线的绘制:以 THF 为溶剂,测试浓度 C 为 0、1μg/mL、2μg/mL、3μg/mL、4μg/mL、5μg/mL、6μg/mL、7μg/mL、8μg/mL、9μg/mL 和 10μg/mL 的 CUR 溶液紫外吸收光谱,检测波长为 425nm,记录吸光度 A,绘制 CUR 标准曲线。

将制备的负载 CUR 的 PCEC NPs 溶液在冷冻机中干燥,得到冻干粉。将一定质量的冻干粉直接溶解到 THF 中,测定溶液的紫外吸收光谱,检测波长为 425nm,记录吸光度。通过 CUR 在 THF 中的紫外标准曲线和下列公式可以计算 NPs 的载药量(DLC)和包封率(DLE)。

$$DLC(\%) = \frac{载药纳米颗粒中药物的质量}{载药纳米颗粒的质量} \times 100\%$$

$$DLE(\%) = \frac{载药纳米颗粒中药物的质量}{制备载药纳米颗粒时所使用药物的质量} \times 100\% \qquad (6-10)$$

五、思考题

1. 如何提高纳米载体药物的载药量和包封率?

2. 用什么方法可以加快纳米药物的释放速度?

第十二节　材料快速成型(3D 打印)技术及其应用

一、实验目的

1. 3D 打印技术的原理、工艺、发展历史、特点、应用及发展动态。

2. 掌握 SLA、FDM 和 MEM 的基本工艺,熟悉相关的数据处理软件的使用。

3. 了解快速模具制造技术的基本工艺。

4. 了解逆向反求工程 RE 的基本原理、应用及发展方向。

5. 培养材料设计和制备工艺设计、新材料和新工艺研究开发等方面的基本能力。

二、实验原理

(一)3D 打印技术的概念

3D 打印(也称快速成型)技术(rapid prototyping & manufacturing, RP&M 或 RP),是由 CAD 数字模型驱动的通过特定材料采用逐层累积方式制作三维物理模型的先进制造技术。

(二)3D 打印技术的用途

3D 打印技术制作的原型(模型)可用于新产品的外观评估、装配检验及功能检验等,作为样件可直接替代机加工或者其他成型工艺制造的单件或小批量的产品,也可用于硅橡胶模具的母模或熔模铸造的消失型等,从而批量地翻制塑料及金属零件。

(三)3D 打印技术的优势

与传统的实现上述用途的方法相比,其显著优势是:制造周期大大缩短(由几周、几个月缩短为若干个小时),成本大大降低。尤其是衍生出来的后续的基于快速原型的快速模具制造技术进一步发挥了快速成型制造技术的优越性,可在短期内迅速推出满足用户需求的一定批量的产品,大幅度降低了新产品开发研制的成本和投资风险,缩短了新产品研制和投放市场的周期,在小批量、多品种、改型快的现代制造模式下具有强劲的发展势头。

(四)3D 打印技术的发展史

快速成型技术的基本原理是基于离散的增长方式成型原型或制品。历史上这种增长制造方式由来已久,其发展根源可以追溯到早期的地形学工艺领域。

1892 年,布兰德在其美国专利中曾建议用叠层的方法来制作地图模型。该方法指出将地形图的轮廓线压印在一系列的蜡片上并沿轮廓线切割蜡片,然后堆叠系列蜡片产生三维地貌图。

1902 年,卡洛巴译在他的专利中,提出了用光敏聚合物制造塑料件的原理,这是现代第一种快速成型技术——立体平版印刷术(stereo lithography)的初始设想。

1940 年,佩雷拉提出了在硬纸板上切割轮廓线,然后将这些纸板黏结成三维地形图的方法。

1964 年,E. E. 藏进一步细化了该方法,建议用透明纸板,且每一块均带有详细的地貌形态标记,制作地貌图。

1972 年,K. 松原提出在上述方法中使用光固化材料,将光敏聚合树脂涂覆到耐火颗粒上形成板层,光线有选择地投射或扫射到这个板层,将规定的部分硬化,没有扫描或没有硬化的部分被某种溶剂溶化,用这种方法形成的薄板层随后不断地堆积在一起形成模型。

1976 年,P. L. 迪马特奥进一步明确地提出,这种堆积技术能够用来制造用普通机加工设备难以加工的曲面,如螺旋桨、三维凸轮和型腔模具等。在具体实践中,通过铣床加工成形沿高度标识的金属层片,然后通过粘接成叠层状,采用螺栓和带锥度的销钉进行连接加固,制作了型腔模,如图 6-11 所示。

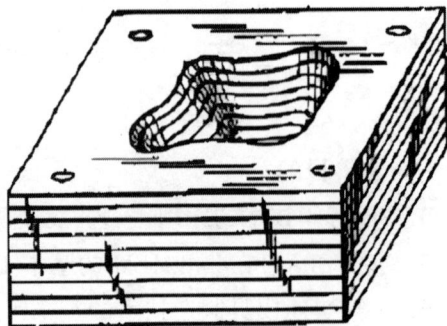

图 6-11　DiMatteo 制作的型腔模叠层模型

1977 年,W. K. 斯文森在他的美国专利中提出,通过选择性的三维光敏聚合物体激光照射直接制造塑料模型工艺,同时 Battelle 实验室的 R. E. 施瓦兹也进行了类似的工作。

1979 年,日本东京大学 T. 那卡加瓦教授等开始用薄板技术制造出实用的工具,如落料模、成形模和注射模等。其中特别值得一提的是,T. 那卡加瓦教授提出了注射模中复杂冷却通道的制作可以通过这种方式来得以实现。

1981 年,H. 儿玉首先提出了一套功能感光聚合物快速成型系统,应用了三种不同的方法制作叠层。

(五)3D 打印技术设备的开发商(国外、国内)

美国在 RP&M 系统(设备)研制、生产、销售方面占全球主导地位,生产 RP&M 设备系统的公司主要有:3D Systems 公司(光固化快速成型设备);Stratasys 公司(熔融沉积快速成型设备);Helisys 公司(叠层实体快速成型设备);DTM 公司(粉末激光烧结快速成型设备)。

欧洲和日本等国家和地区也不甘落后,纷纷进行 RP&M 技术、设备研制等方面的研究工作,如德国的 EOS 公司、以色列的 Cubital 公司以及日本的 CMET 公司等。

我国从 20 世纪 90 年代初由清华大学、华中科技大学、西安交通大学等高校及其他科研院所在国家及地方政府资金支持下启动快速成型技术的研究工作。几所高校及部分研究机构在早期的快速成型设备及相应的材料开发中各有侧重,于 90 年代中后期陆续推出各自具有代表性的快速成型设备。应用较多的为:陕西恒通智能机器有限公司(西安交通大学)的光固化快速成型设备(SLA);武汉滨湖机电有限公司(华中科技大学)的叠层实体快速成型设备(LOM)与粉末激光烧结快速成型设备(SLS)等;北京隆源自动成型系统有限公司的粉末激光烧结快速成型设备(SLS);上海联泰科技有限公司的光固化快速成型设备(SLA);清华大学的叠层实体快速成型设备、熔融沉积快速成型设备。

此外,我国香港大学、香港中文大学、香港科技大学、香港理工大学、南京航空航天大学、浙江大学、中北大学等也开展了有关设备、材料和工艺的研究;香港快速原型科技中心、深圳生产力促进中心、天津生产力促进中心等为普及和推广快速成型技术进行了卓有成效的工作。

(六) 3D 打印技术的制造方式

3D 打印技术的制造方式是基于离散堆积原理的累加式成型,从成型原理上提出了一种全新的思维模式,即将计算机上设计的零件三维模型,通过特定的数据格式存储转换并由专用软件对其进行分层处理,得到各层截面的二维轮廓信息,按照这些轮廓信息自动生成加工路径,在控制系统的控制下,选择性地固化光敏树脂或烧结粉状材料或切割一层层的成型材料,形成各个截面轮廓薄片,并逐步顺序叠加成三维实体,然后进行实体的后处理,形成原型或零件,如图 6-12 所示。

根据所使用的材料和建造技术的不同,目前应用比较广泛的方法有如下四种:

(1)光固化成型法(stereo lithography apparatus,SLA)采用光敏树脂材料通过激光照射逐层固化而成型。

(2)叠层实体制造法(laminated object manufacturing,LOM)采用纸材等薄层材料通过逐层黏结和激光切割而成型。

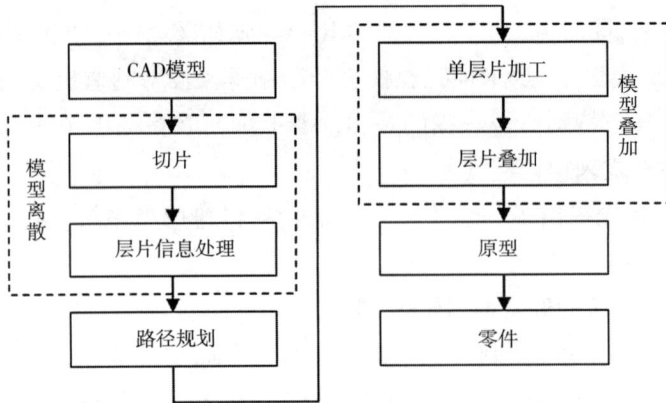

图 6-12　3D 打印快速成型离散和叠加过程

（3）选择性激光烧结法（selective laser sintering，SLS）采用粉状材料通过激光选择性烧结逐层固化而成型。

（4）熔融沉积制造法（fused deposition manufacturing，FDM）采用熔融材料加热熔化挤压喷射冷却而成型。

（七）3D 打印技术特点

3D 打印技术的出现，开辟了不用刀具、模具而制作原型和各类零部件的新途径，也改变了传统的机械加工去除式的加工方式，而采用逐层累积式的加工方式，带来了制造方式的变革。从理论上讲，添加成形方式可以制造任意复杂形状的零部件，材料利用率可达 100%。和其他先进制造技术相比，快速原型技术具有如下特点：

采用 3D 打印技术之后，设计者在设计的初始阶段，就能拿到实在的产品样品，对产品设计进行校验和优化，并可在不同阶段快速地修改、重做样品，甚至做出试制用工模具及少量的产品。设计者无须多次反复思考、修改，即可尽快得到优化结果，从而能显著地缩短设计周期和降低成本。

制造者在产品设计的初始阶段也能拿到实在的产品样品，甚至试制用的工模具及少量产品，这使得他们能及早地对产品设计提出意见，做好原材料、标准件、外协加工件、加工工艺和批量生产用工模具等的准备工作，较大限度地减少失误和返工，大大节省工时、降低成本和提高产品质量。

推销者在产品设计的初始阶段也能拿到实在的产品样品甚至少量产品，这使得他们能据此及早、实在地向用户宣传和征求意见，以及进行比较准确的市场需求预测，而不是仅凭抽象的产品描述或图纸、样本来推销。所以，快速成型技术可显著降低新产品的销售风险和成本，大大缩短其投放市场的时间和提高竞争能力。

用户在产品设计的最初阶段，也能见到产品样品甚至少量产品，这使得用户能及早、深刻地认识产品，进行必要的测试，并及时提出意见，从而可以在尽可能短的时间内，以最合理的价格得到性能最符合要求的产品。

(八)3D 打印技术目前主要存在的局限

(1)由于成型材料种类和成本的限制,原型多为模型而非实际需要的工作零件。

(2)因数据处理及制作工艺等限制,快速成型系统制作的原型很难达到与 CAD 设计相同的尺寸精度和实际使用要求的表面质量。

(九)3D 打印技术的发展趋势

1. 3D 打印技术发展关键点

(1)金属零件的直接快速成型。

(2)数据优化处理及分层方式的演变。

(3)开发性能优越的成型材料。

(4)喷射成型技术的广泛应用。

(5)组织工程材料快速成型。

(6)拓展新的应用领域。

(7)概念创新与工艺改进。

(8)快速成型设备的专用化和大型化。

(9)成型材料系列化、标准化。

(10)梯度功能材料的应用。

(11)开发新的成型能源。

(12)集成化。

2. 3D 打印技术发展趋势

3D 打印技术目前已经步入了飞速发展的时代,3D 打印被赋予了第三次工业革命的大背景,以 3D 打印技术为代表的快速成型技术被看作是引发新一轮工业革命的关键要素。目前,人们对 3D 打印技术给予了高度的关注和极大的热情,这为提升中国制造整体实力提供了一个绝佳的机会,为 3D 打印的普及应用与深化发展提供了一个良好的平台。

(1)设备向大型化发展。纵观航空航天、汽车制造以及核电制造等工业领域,对钛合金、高强钢、高温合金以及铝合金等大尺寸复杂精密构件的制造提出了更高的要求。目前现有的金属 3D 打印设备成形空间难以满足大尺寸复杂精密工业产品的制造需求,在某种程度上制约了 3D 打印技术的应用范围。因此,开发大幅面金属 3D 打印设备将成为一个发展方向。

(2)材料向多元化发展。3D 打印材料单一性在某种程度上也是制约了 3D 打印技术的发展。以金属 3D 打印为例,能够实现打印的材料仅为不锈钢、高温合金、钛合金、模具钢以及铝合金等几种最为常规的材料。3D 打印仍然需要不断地开发新材料,使得 3D 打印材料向多元化发展,并能够建立相应的材料供应体系,这必将极大地拓宽 3D 打印技术应用场合。

(3)从地面到太空。NASA 是美国政府机构中较早研究使用 3D 打印技术,已利用 3D 打印技术生产了用于执行载人火星任务的太空探索飞行器(SEV)的零部件,并且探讨在该飞行器上搭载小型 3D 打印设备,实现太空制造。太空制造是 NASA 在 3D 打印技术方向的重点投资领域。为实现太空制造,美国已在太空环境的 3D 打印设备、工艺及材料等领域开展了多个研究项目,并取得多项重要成果。

(4)助力深空探测。3D打印技术的快速发展和远程控制技术为空间探测提供了新的思路。月面设施构件3D打印技术是利用月球原位资源,采用3D打印技术就地生产月面设施构件,是未来建立大型永久性月球基地的有效途径。该方法能够最大限度地利用原位资源制造3D打印所需的粉末材料,继而采用3D打印设备直接打印出月面设施构件,大大降低地球发射成本,并可利用月球基地的原位资源探索更远的空间目标。

(5)走入千家万户。随着3D打印技术的不断发展与成本的降低,3D打印技术走入千家万户不无可能。也许,未来的某一天,你便可以在家里给自己打印一双鞋子;也许,未来某一天,在你的车子里就放着一台3D打印机,汽车的某个零件坏了,便可以及时打印一个重新装上,让你的车子继续飞奔起来,而不是站在路边苦苦地等着别人来把你的车子给拖走。

三、实验过程

(一)3D 建模

以3D软件(3D Max;Solid works等)建模软件为主要教学内容,让建模基础为零的学生对3D建模有入门的认识,并掌握3dMax软件的基本工具的使用。让我们的学生能够自己建模,并且能够用3dMax软件导入并编辑已有模型。最后,学生能够用3D打印机打印出自己建立的模型(图6-13)。

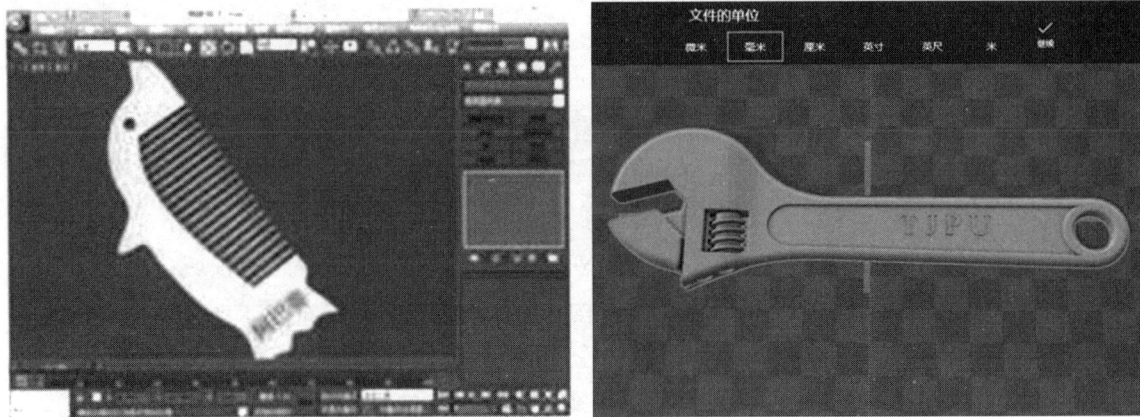

图 6-13　3D 建模

(二)3D 扫描

以红外线三维扫描仪为教学器材,教会学生一般3D扫描仪的原理并正确操作扫描仪,以及能够正确地理解扫描过程中出现的问题,然后通过相关软件进行处理。最后能够扫出比较好的数据。

(三)3D 数据修复

主要以ZBrush,Meshmixer,Meshlab软件为教学内容,使学生能够利用ZBrush对扫描数据(主要是人像)雕刻,使得数据更加形象或更加个性化,利用Meshlab对各种3D模型格式的文件相互转换及对一般 3D 模型数据的处理,利用 Meshmixer 软件对模型进行更加个性化的修改,从而产生更多样的模型(图 6-14)。

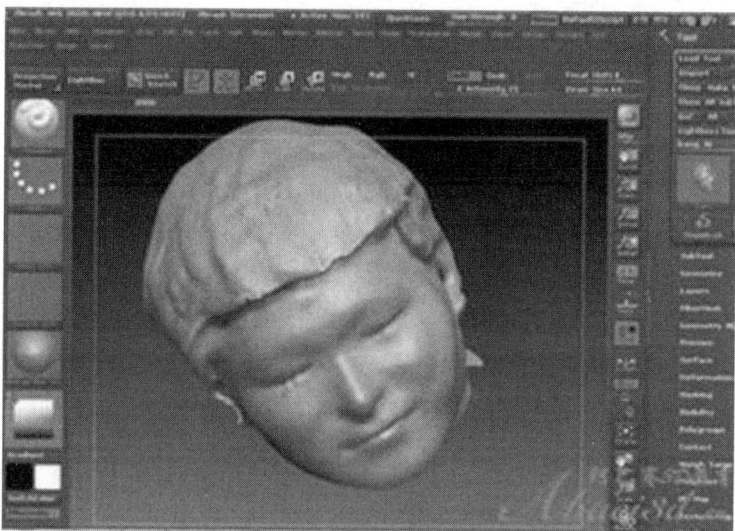

图 6-14　3D 数据修复

(四)3D 打印

主要教会学生熟练掌握 FDM 3D 打印机相关软件,包括流行的切片软件,3D 打印机控制软件。然后利用这些软件调试 3D 打印机,控制 3D 打印机正确地打印出比较好的产品。同时指导学生如何正确地设置各种参数,选择打印耗材,对模型添加支撑等一系列内容。

产品后处理:支撑材料去除,外观美化,产品上色。

四、思考题

1. 快速成型技术具有哪些特点?能使哪些方面受益?

2. 快速成型技术发展趋势有哪些?你认为还会有哪些发展趋势?

3. 查资料,目前快速成型技术的主要研究方向是什么?主要技术瓶颈有哪些?

参考文献

[1]蒋瑞东, 高鑫, 李云章. ZD 制剂对 RAW264.7 细胞分泌 TNF-α 水平及 TNF-α 诱导 L929 细胞死亡的影响[J]. 畜牧与饲料科学, 2018, 39(5):7-10.

[2]贺学英, 王蕊, 王会如. 医疗器械细胞毒性试验方法标准化探讨[J]. 医疗装备, 2015, 28(7):9-10.

[3]杨琳, 管晓燕, 陈黎明, 等. 智能水凝胶在骨类硬组织再生和修复中的应用[J]. 中国组织工程研究, 2016, 20(3):430-434.

[4]张丁文, 刘燕飞, 亓鹏, 等. 智能水凝胶在组织工程中的应用[J]. 中国组织工程研究, 2014, 18(12):1944-1950.

[5]谭天伟. 分子印迹技术及应用[M]. 北京:化学工业出版社, 2010.

[6]CAROLYN L,BAYER E P H,NICHOLAS A. Alginate films as macromolecular imprinted matrices[J].Journal of Biomaterials Science,2011,22(11):1523-1534.

[7]KONG YIN Z, GUO XIANG C, JIAN JUN H. Rebinding and recognition properties of protein-macromolecularly imprinted calcium phosphate/alginate hybrid polymer microspheres[J]. React. & Funct. Polym,2008,68(3):732-741.

[8]方园园,郑玉斌. 开环可控聚合制备脂肪族聚酯的最新研究进展[J]. 高分子通报,2011(9):121-127.

[9]ELIZABETH A,RAINBOLT,KATHERINE E,et al. Recent developments in micellar drug carriers featuring substituted poly(ε-caprolactone)s[J]. Polymer Chemistry,2015,6:2369-2381.

[10]曲智,李想,庞烜,等. 席夫碱—铝化合物催化己内酯的开环聚合[J]. 高等学校化学学报,2014,35(4):869-872.

[11]葛阳. 组织工程技术复合 3D 打印内支撑构建个体化组织工程气管软骨的实验研究[D]. 上海:上海交通大学,2016.

[12]张景添. 丝素蛋白基生物墨水的制备及 3D 打印技术的研究[D]. 上海:东华大学,2019.

[13]谭嘉, 陈国平, 郝永强. 生物 3D 打印的关键技术及骨科应用进展[J]. 中华骨科杂志, 2020, 40(2):110-118.